놀이
공원에서 만난
뉴턴

앨리스와 떠나는 과학 여행

놀이공원에서 만난 뉴턴

손 영 운 지음

작 가 의   말 . . .

　　우리나라 학생들이 배우는 과학 교과서는 물리학, 화학, 생물학, 지구과학으로 구성되어 있습니다. 고등학교 1학년까지는 이들 네 영역의 과학을 학년에 한 권씩 통합해서 배우고, 고등학교 2학년부터는 각 영역별로 나누어서 배웁니다.

　　이 중에서 학생들이 가장 어려워하는 것은 단연 물리학입니다. 이런 학생들의 심정을 아는지 모르는지 우리나라 과학 교과서에서 비중을 가장 많이 차지하는 것 또한 물리학입니다. 교육 과정을 짠 교수님들이 과학에서는 누가 뭐래도 물리학이 가장 기초가 된다는 생각을 하기 때문입니다.

　　하긴 맞는 말입니다. 왜냐하면 근대 과학이 물리학에서부터 시작하였기 때문입니다. 그 중심에 인류 역사상 가장 위대한 과학자 뉴턴이 있습니다. 뉴턴은 코페르니쿠스, 케플러, 갈릴레이 등이 시작한 과학 혁명을 완성한 과학자이고, 우주의 움직임을 중력으로 설명한 과학자였습니다. 그 래서인지 우리나라 과학 교과서에는 뉴턴의 과학이 큰 비 중을 차지합니다. 속도, 가속도, 관성의 법칙, 가속도의 법  칙, 작용과 반작용의 법칙, 만유인력의 법칙, 빛의 분산과 합성 등 교과 서에 들어 있는 그의 과학을 말하자면 끝이 없습니다. 문제는 뉴턴의 과 학이 아무리 중요하다고 하더라도 이를 배우는 학생들이 어려워한다는 점입니다. 선생님의 설명을 듣고 함께 문제도 풀어보지만 돌아서면 마 치 옛날이야기처럼 아득하게 멀어지는 느낌을 가집니다.

그 이유가 무엇일까요? 아마 뉴턴의 과학을 교과서에서만 배우기 때 문일 것입니다. 또 뉴턴의 과학이 얼마나 우리 생활 가까운 곳에 있는지 모르기 때문입니다. 대표적인 예가 바로 학생들이 일 년에 한두 번 이상 씩 꼭 가는 놀이공원에 있는 놀이기구들입니다. 이를 증명하기 위해 《놀이공원에서 만난 뉴턴》을 썼습니다.

《놀이공원에서 만난 뉴턴》은 놀이기구들 속에 숨어 있
는 뉴턴의 물리학을 알려줍니다. 놀이기구를 탔던 기억을
되살리면서 속도와 속력, 중력 가속도, 작용과 반작용의
원리, 관성의 법칙, 위치 에너지, 운동 에너지, 역학적 에
너지의 개념 등을 이해할 수 있게 해 줍니다. 그래서 물리학이 어려운
것이 아니라 우리의 삶에 아주 필요한 과학이라는 것을 깨닫게 해 줍니
다.

　뿐만 아니라 어려운 물리학에 쉽게 다가갈 수 있도록 학생들과 매우
친숙한 동화 속의 주인공들을 책 속에서 살렸습니다. 피

터 팬이 해적 애꾸눈 후크를 물리친 후 평화를 되찾은
네버랜드에 앨리스와 뉴턴을 초대하여 초대형 놀이공
원을 만드는 즐거운 이야기를 만날 수 있습니다. 그리고
책의 뒷부분에 생활 속에 숨어 있는 뉴턴의 과학과 뉴턴

과의 가상 인터뷰를 부록으로 실었습니다.

이 책을 통해 뉴턴이 세상에 태어나지 않았다면 놀이기구들도 만들어지지 않았을 것이라는 것을 알게 될 것이고, 그동안 어려운 과학을 만든 사람으로 미워하던 뉴턴을 좋아하게 될 것입니다.

끝으로 이 책이 나오기까지 고생하신 도서출판 이치의 조승식 사장님과 편집부에게 감사를 드립니다.

2006년 8월 손영운

차 례 . . .

등 장 인 물   소 개 . . .

★ 앨리스 ★

똑똑한 언니 때문에 구박을 받는 일이 많지만, 훌륭한 만화가가 되겠다는 꿈을 가지고
즐겁게 사는 13세 소녀. 여름 방학 첫날 놀이공원에 갔다가 피터 팬의 초대를 받아 네버랜드로 간
다. 그곳에서 뉴턴과 함께 놀이공원을 건설하여 네버랜드에 사는 친구들에게 즐거움을 선사한다.

★ 뉴턴 ★

만유인력의 법칙으로 유명한 영국의 물리학자. 피터 팬에 의해 잠옷 차림으로 네버랜드로 와서
놀이공원을 설계하고 제작하는 중요한 일을 맡는다. 놀이기구에 숨어 있는
과학적인 원리를 친구들에게 친절하게 가르쳐 주는 훌륭한 과학 선생님이기도 하다.

★ 체셔 고양이 ★

이상한 나라에서 만난 고양이. 앨리스를 짝사랑하여
앨리스가 위험하거나 어려울 때 말없이 도와준다.
공간 이동을 자유자재로 하는 신비한 능력을 가지고 있다.

★ 피터 팬 ★

전 세계 어린이들의 영원한 우상. 교육을 받지 못해 무식하고 고집도 세지만, 영리하고 정의롭다.
지루한 일상을 보내고 있던 네버랜드 친구들에게 즐거움을 주기 위해
앨리스와 뉴턴을 데려와 네버랜드에 대규모 놀이공원을 만든다.

★ 팅커벨 ★

피터 팬과 함께 하는 요정. 늘 요정 가루를 흩날리고,
딸랑딸랑 종소리를 내며 날아다닌다.
피터 팬을 두고 앨리스에게 질투를 느끼지만 나중에 좋은 친구가 된다.

★ 타이거 릴리 ★

용감한 인디언 부족의 공주이자 피터 팬의 친구. 앨리스와 뉴턴은 타이거 릴리를 위해
입체 영화관을 건설하여 크게 인기를 얻는다. 이후 인디언 용사들의 도움으로
롤러코스터와 바이킹 같은 대규모의 놀이기구가 만들어진다.

앨리스, 놀이공원에 가다

여름 방학이 시작되는 날, 앨리스는 혼자 집에 있었다. 중학생인 언니는 아직 방학을 하지 않아 학교에 갔고, 아빠와 엄마는 직장에 나가셨다. 앨리스는 따분한 오후를 견디지 못해 거실 소파에 누워 리모컨으로 TV 화면을 이것 저것 바꾸고 있었다.

'학교에서 애들이랑 공부하는 게 더 좋았어. 애들이라도 우리 집에 놀러오면 좋을 텐데.'

그때 핸드폰에서 최신 가요 벨소리가 요란스럽게 울렸다. 발신자를 보니 '한반도 얼짱, 지영이' 였다.

"지영아, 전화 잘했어. 나 지금 무지무지 우울하다. 방학 첫날이 왜 이리도 외롭냐?"

전화를 받으니 왁자지껄, 진주와 유미의 음성이 함께 들렸다.

"근데 나만 빼놓고 아침부터 셋이서 뭐해?"

"에고, 우리야말로 무지 우울하다. 앨리스 너 방학하는 첫날에 놀이공원 가기로 한 거 잊은 거야? 일찍 나오지는 못할망정 때도 못 맞춰 나오냐?"

"야, 앨리스가 좀 깜빡깜빡하잖니. 빨랑 나와라, 우리끼리 가버리기 전에!"

"맞다, 약속이 있었지. 오~예"

전화 너머로 들려오는 친구들의 불평 소리가 앨리스는 너무도 반가웠다. 앨리스는 재빨리 전화를 끊고 옷을 챙겨 입은 후 친구들이 기다리는 지하철역으로 갔다.

친구들은 단단히 뿔이 난 척했지만, 앨리스의 애교 작전에 얼렁뚱땅 넘어가 주었다.

"자, 늦었으니 빨리 우리를 기다리는 놀이공원으로, go, go!"

놀이공원으로 가는 지하철 안에서 앨리스와 친구들은 쪼르륵 앉아 수다를 떨었다.

"앨리스, 너 우리 집에 놀러와 봤지? 내 방에 인형이 많잖아. 그 중에 우리처럼 살아있는 애들이 있는 것 같아. 특히 내 침대 위에 있는 미미랑 쥬쥬는 나한테 텔레파시를 보내는지 난 가끔 걔들이랑 이야기할 때가 있다니까."

진주가 발랄하고 공상이 많은 아이라는 건 알았지만, 친구들은 진주의 말이 믿어지지 않을 뿐더러 황당했다.

"웃기시네? 그런 게 어디 있어. 너 또 꿈꿨지?"

"나도 춤추는 인형 얘기를 들은 적 있어. 살아있는 인형과 만나서 이야기하면 사랑도 이루어 준대. 봉숭아 꽃 물이 없어지기 전에 첫눈이 오면 첫사랑이 이루어진다는 게 더 웃기지 않냐?"

친구들 중 패션 감각이 뛰어난 유미가 맞장구를 쳤다.

어느새 웃고 떠드는 사이에 놀이공원에 도착했다. 친구들은 놀이공원 입구에서부터 저마다 자기가 타 보고 싶은 놀이기구를 먼저 타겠다고 아우성이었다. 그러다가 가위바위보로 순서를 정하였고, 지영이가 제안한 '귀신의 집'에 제일 먼저 가게 되었다.

앨리스와 친구들은 지하 동굴로 통하는 엘리베이터를 탔다. 앨리스는 긴장을 해서인지 엘리베이터 안에 있는 시간이 꿈을 꾸듯 길게 느껴졌다. 옆에서 진주는 재미없을 것 같다고 투덜거렸고, 유미는 흥미로운 듯 진지한 표정이었다.

엘리베이터 안에는 스무 명 정도의 사람들이 꼭 붙어있었다. 모두들 긴장을 했는지 저마다 낮은 소리로 수군거렸다. 그런데 별안간 엘리베이터가 마구 흔들리더니 "쿵!" 하고 멈춰 섰다. 사람들은 누가 먼저랄 것도 없이 옆 사람을 붙잡고 일제히 소리를 질러댔다. 앨리스는 그 소리에 더 놀라 하마터면 넘어질 뻔했다.

동굴 안은 너무 어두웠다. 한 걸음 한 걸음 뗄 때마다 진땀이 배어났다. 으스스한 분위기, 어두운 길, 그리고 맨살의 팔에 대이는 차가운 동굴 벽은 공포감을 주기에 충분했다.

잔뜩 긴장하고 걷고 있는 앨리스 앞으로 시커멓고 커다란 물체가 튀어나왔다.

"까악!"

앨리스는 쓰러질 듯 진주의 팔을 부여잡고 비명을 질렀다. 한발자국 다가온 물체의 정체는 저승사자였다. 귀가 터질 것같이 시끄러운 방울 소리, 부채를 든 검은 손이 "휙, 휙, 스르륵" 하면서 앨리스의 어깨를 탁 쳤다.

"으~악! 왜 나만 갖고 그래요!"

저승사자는 무리 앞으로 가 자신이 길 안내를 할 것이라고 했다. 모든 사람들이 안도의 한숨과 함께 앨리스를 보며 낄낄 웃어댔다. 앨리스는 그제 서야 뭔가 속은 기분이 들었다. 뿌루퉁한 표정으로 저승사자와 관람객들을 훑어보았다. 모두들 즐거운 표정이었다.

"다들 조용히 해! 분명 이 중에 죄를 많이 지은 사람이 있을 것이다. 내 말을 안 들으면 혼난다. 조용히 날 따라오면 살아 돌아갈 수는 있을 것이다. 무슨 일이 어찌 닥칠지 모른다. 지옥에 떨어지고 싶지 않으면 나만 따라와. 마지막으로, 절대 혼자 남지 마라."

저승사자가 으름장을 놓자 모두 쥐 죽은 듯이 따라갔다. 앨리스는 갖

가지 형상의 물체들이 모두 가짜라는 것을 알고 나니 조금 시시해지기
시작했다.

어둠이 깔린 동굴 계단에는 희미한 등불빛이 일렁였다. 앨리스는 맨
뒤에서 일행을 따라갔다. 잠시 후 앞이 어두워지자, 으스스한 생각이 들
면서 뒤에서 누군가 따라오는 느낌이 들었다. 앨리스는 조심스럽게 뒤
를 돌아보았다. 아무도 없었다. 괜한 두려움만 가졌구나 생각하고 앞을
다시 보니, 함께 입장했던 사람들과 친구들이 보이지 않았다.

"엄마야~ 같이 가. 나 혼자 두고 가지 마."

앨리스는 거의 울먹임에 가까운 소리를 지르며 어두운 굴에서 한참
을 뛰다가 무엇인가에 '쿵' 하고 부딪혔다. 그러고는 눈앞에 불빛이 번
쩍하면서 비명 한번 못 지르고 정신을 잃었다.

피터 팬과의 만남

"아오오~ 머리야. 근데 여기가 어디야?"

정신을 차린 앨리스는 주위를 둘러보았다. 좀 전 친구들과 함께 있던 귀신 동굴이 아니었다. 주위는 깜깜하고 오래전부터 잠들어 있던 세계처럼 고요했다. 서늘한 밤공기에 앨리스의 몸은 으스스했다.

땅바닥에 움츠린 채 고개만 돌려 주변을 살피고 있는데 하늘에서 작은 불빛이 보였다. 그 불빛은 처음에는 겨우 손바닥만 한 크기였지만 점점 더 커졌다. 불빛 중앙에는 예쁜 여자 아이가 있었다. 나뭇잎으로 만든 깜찍한 원피스를 입고 있었는데, 몸은 약간 통통하고 얼굴은 귀여웠다.

'어디서 많이 본 듯한데, 어디였더라? 아! 설마 팅커벨?'

앨리스는 책 속에나 나오는 요정이 자신 앞에 있는 것이 믿기질 않았다. 그래서 속으로 '아닐 거야, 잘못 본 걸거야.' 라고 되뇌었다. 그런데 어디선가 초록색 옷을 입은 한 남자 아이가 날아왔다. 피터 팬이었다. 몸에 반짝이는 요정 가루가 잔뜩 묻어 있어서 깜깜한 밤인데도 그 모습을 확실히 볼 수 있었다.

'아니 이게 꿈이야, 생시야?'

앨리스는 들키지 않게 몸을 낮춘 후 살짝 제 볼을 꼬집어보았다.

"아야!"

앨리스는 손으로 재빨리 입을 막은 후 들키지 않게 조용히 몸을 숙였다.

"어이 앨리스, 이제 그만 나와. 네가 벌써 깨어 있었다는 거 다 알고 있었어."

장난기가 잔뜩 배인 목소리로 피터 팬이 앨리스를 불렀다. 앨리스는 괜히 머쓱하여, 머리를 긁적이며 피터 팬이 있는 곳으로 갔다.

"알고 있으면 미리 알고 있다고 말하지, 사람 민망하게…. 근데 네가 정말 피터 팬이야?"

"그럼 내가 누구겠냐? 호빵맨일까, 아니면 스파이더맨일까? 보시다시피 난 네버랜드의 대장 피터 팬이다. 하하하."

피터 팬은 어깨를 들썩이며 앨리스의 질문에 씩씩하게 대답했다.

"그런데 피터 팬, 여기까지 웬 일이야? 그리고 어떻게 날 알며, 정말 살아있는 존재였어? 넌 동화 속 인물이 아냐?"

앨리스는 복잡하게 밀려드는 궁금증을 피터 팬에게 쏟아부었다.

"아이 참. 여자애들은 다 이렇게 궁금한 게 많은 거야? 난 네 도움이 필요해서 여기 온 거야."

피터 팬은 속사포 같은 앨리스의 물음에 난감한 표정을 지었다.

"도움은 무슨 도움? 나같이 평범한 애가 네게 무슨 도움을 줄 수 있는데?"

앨리스는 피터 팬의 뜬금없는 대답에 새침하게 말했다.

"아니야. 네버랜드에 앨리스 네가 필요해. 가보면 이유를 알 거야."

팅커벨은 여전히 밤하늘을 날아다니며 요정 가루를 마구 뿌려대고 있었다. 요정 가루 때문에 주위는 환상적인 빛들로 반짝였다.

"앨리스, 나와 함께 네버랜드로 가자."

앨리스는 피터 팬을 물끄러미 바라보다 크게 웃어버렸다.

"하하, 네버랜드가 정말 있긴 한 거야? 있다 해도 여기서 굉장히 멀 텐데 내가 어떻게 가니? 그리고 내일부터는 학원에도 나가야 하고, 또 갑자기 없어지면 엄마한테 혼난단 말이야. 안 돼. 난 못 가."

"학원? 그건 네 방 시계에 있는 뻐꾸기 보고 대신 가라고 해! 그리고 엄마한테 혼이 난다고? 그러면 네가 엄마가 되면 되잖아. 그리고 날아서 가면 금세 네버랜드로 갈 수 있다고."

피터 팬은 앨리스가 이해 못할 소리들을 했다.

"피터 팬. 난 평범한 아이라서 너처럼 날지 못해. 만약 내가 날 수 있다면, 널 따라 가는 걸 한 번 생각해볼게."

앨리스의 말에 피터 팬은 환하게 웃었다.

"그래? 그럼, 아름답고 환상적인 생각만 하는 거야. 그러면 네 몸이 공중으로 저절로 붕 뜨게 될 거야."

눈을 감은 피터 팬의 얼굴에 미소가 번졌고, 어느새 피터 팬은 공중에 붕 떠올랐다. 앨리스는 눈앞에 펼쳐지는 거짓말 같은 현실에, 네버랜드가 있다는 것, 피터 팬의 요청이 진심이라는 것을 믿게 되었다. 그러고는 눈을 감고 아름답고 환상적인 생각을 했다. 그러자 발끝이 살짝 땅에서 떨어지더니 몸이 공중으로 붕 떠올랐다.

"자, 이제 됐으니 네버랜드로 출발!"

피터 팬은 앨리스의 손을 잡고 하늘 높이 날아올랐다. 하늘을 나는 동안 시간이 어떻게 흘렀는지 알 수 없었지만, 두 번 해가 뜨고 달이 뜨는 것을 본 후에 네버랜드에 도착했다.

앨리스는 네버랜드에 내려 신비의 강을 건너고, 인디언 캠프를 지나 숲 속으로 들어갔다. 숲 속 아늑한 곳에 모닥불이 지펴지고 있었는데, 그 주위에는 남자 아이들이 몇 명 서 있었다. 그들은 모두 집 없는 소년들로 피터 팬의 친구이며 부하들이었다. 소년들은 자신들의 대장인 피터 팬이 나타나자 제자리에서 깡충깡충 뛰며 반가워했다.

"대장, 어서 와. 금방 다녀왔네?"

"여자 아이는 데려 왔어?"

"예뻐? 재미있어?"

그 아이들은 피터 팬을 뒤따라온 앨리스 주위를 에워쌌다. 그리고 마치 그동안 말을 못해본 아이들처럼 재잘거렸다.

"얘들아. 이 여자 아이의 이름은 앨리스야. 앞으로 재미있게 해 줄 거야."

앨리스는 웃으며 먼저 인사를 했다. 그러자 피터 팬이 앨리스에게 남자 아이들을 하나하나 소개해 주었다. 용감한 투틀즈, 명랑하고 붙임성 있는 닙스, 피리를 잘 부는 슬라이틀리, 개구쟁이 컬리, 그리고 쌍둥이 형제들이 차례로 나와 앨리스와 악수를 하며 인사를 했다. 그런데 하나같이 "우리를 재미있게 해 줘."라고 인사했다. 앨리스는 왜 그런 인사말을 하는지 알 수 없었다.

인사를 마치고 앨리스는 피터 팬을 따라 그 아이들이 사는 집으로 갔다. 소년들의 집은 땅 밑에 있었다. 아이들은 줄지어 먼저 속 빈 나무 안으로 들어갔다. 그 모습은 마치 백설공주에 나오는 난장이들이 일을 마친 후 집으로 들어가는 모습 같았다. 나무 속은 땅 밑에 있는 동굴과 연결되어 있었다. 땅 밑 집은 제법 아늑하고, 느낌이 좋았다.

롯데월드 자이로드롭

네 버 랜 드 의　첫　번 째　이 야 기

몸무게가 줄어드는 놀이기구
자이로드롭

몸무게가 줄어드는 놀이기구
자이로드롭 ★ 전자기 유도 현상과 무중력 상태

피터랜드 놀이공원

앨리스가 네버랜드에 온 둘째 날이다. 앨리스는 엄마가 깨우지 않았는데도 아침 일찍 일어난 자신이 신통했다. 어제는 늦은 저녁이라 아이들 집으로 오는 길이 어떻게 생겼는지 보지 못했는데, 아침에 나와 보니 주변은 아름다운 숲으로 둘러싸여 있었다. 안개 낀 아침 숲은 깨끗한 공기로 가득했다. 깊이 들이마신 공기는 앨리스의 몸 안을 깨끗하게 하는 것 같았다. 피터 팬이 어느새 앨리스 곁으로 다가와 있었다.

"어젠 잘 잤어?"

"응, 덕분에."

"앨리스, 내가 널 왜 데리고 왔는지 궁금하지? 내가 어제 네 도움이 필요하다고 했잖아."

그렇지 않아도 앨리스는 아침에 일어나 피터 팬이 무엇을 도와달라는 걸까 궁금했다.

"너를 네버랜드에 데리고 온 까닭을 말해 줄게. 우리가 악당 후크 선장을 물리친 것은 잘 알지? 덕분에 네버랜드가 평화로운 나라가 된 것은 아주 다행스런 일이야. 그런데 우린 너무 심심해졌어. 넌 아마 오늘 아침이 아주 평화롭다고 느낄 거야. 하지만 우린 이런 날을 매일 맞이하고 있기 때문에 너무 지루한 하루하루를 보내고 있어. 그러니까 네가 우리와 친구가 되어, 어떻게 하면 우리가 재미있게 살 수 있는지 알려 주면 좋겠어."

앨리스는 아이들의 집으로 돌아와 곰곰이 생각했다. 이 숲이 평화롭다고 느껴지지만, 계속 이렇게 조용한 곳에서 산다면 앨리스 자신도 너무 심심할 거라는 생각이 들었다. 어제 아침 집에서 심심함을 견디지 못해 TV 채널을 이리저리 돌리던 것을 생각해보니, 이곳 아이들은 TV도 없으니 얼마나 심심할까 하는 생각이 들었다. 그러고는 친구들이 심심함에서 자신을 구원(?)해준 그때를 생각했다.

"맞아, 놀이기구! 놀이기구는 어른 아이 할 것 없이 다 좋아하잖아."

앨리스는 네버랜드에 멋진 놀이공원을 만들면 정말 재미있을 거라는 생각이 들었다. 그래서 방에서 뛰쳐나와 피터 팬과 아이들이 모여있는 거실로 나왔다.

"놀이공원을 만들자!"

"놀이공원?"

방에서 불쑥 튀어나온 앨리스를 향해 남자 아이들이 한 목소리로 되물었다. 피터 팬과 아이들은 놀이공원이 뭘 하는 곳인지 몰랐다. 앨리스는 친구들과 함께 놀러 다녔던 여러 놀이공원에 대한 이야기와 놀이공원이 얼마나 재미있는 곳인지를 설명해 주었다. 아이들은 일제히 박수를 치며 좋아했고, 앨리스는 얼떨결에 네버랜드에 지상 최대의 놀이공원을 건설하는 추진위원장이 되었다.

패터 팬은 앨리스를 네버랜드에서 가장 넓은 평지인 피터랜드로 데려갔다. 피터랜드는 피터 팬이 최초로 발견한 땅으로, 앞으로는 푸른 바다가 펼쳐져 있고 뒤로는 만년설이 덮인 높은 산이 있는 넓은 땅이었다.

"앨리스, 만약 놀이공원이라는 것을 만든다면 이곳에 만들어 주었으면 좋겠어."

앨리스는 피터랜드의 넓은 땅을 보자 어떤 놀이기구를 만들지 난감해졌다. 수많은 놀이공원을 다니며 놀이기구를 타 봤지만 막상 자신이 만들려고 하니 눈앞이 캄캄해졌다. 누군가의 도움이 필요했다. 앨리스는 이상한 나라에서 만났던 친구들을 하나씩 떠올렸다. 신비한 능력을 가진 체셔 고양이와 머리가 좋아 뭐든지 잘 만들었던 뉴턴이 생각났다. 앨리스는 피터 팬에게 이상한 나라에 가서 체셔 고양이와 뉴턴을 데리

고 올 수 있는지 물었다. 피터 팬은 "그야, 물론."이라고 말하며 곧장 하늘 어디론가 날아갔다.

한참 후 피터 팬은 잠옷 차림의 뉴턴을 옆에 끼고 날아 왔다. 피터 팬은 아무리 뉴턴에게 아름답고 환상적인 생각을 하라고 말했지만 도저히 할 수가 없어 그냥 옆에 끼고 왔다며, "어른들은 도대체 무슨 생각을 하고 사는지…" "사람보다 고양이가 훨씬 낫다 말이야."라고 중얼거렸다. 얼마 있지 않아 체셔 고양이가 특유의 미소를 지으며 하늘 저편에서 나타났다.

뉴턴의 아름다운 금빛 머리카락은 바람에 나부껴 헝클어지고 옷은 남루했지만, 여전히 파란 눈빛만은 초롱초롱 빛나고 있어 위대한 과학자의 풍모를 엿볼 수 있었다.

"뉴턴 박사님, 안녕하셨어요? 여기서 또 뵙네요."

앨리스는 공손하게 머리를 숙여 인사를 했다.

"응. 앨리스 양, 반갑군. 그동안 잘 지냈는가?"

뉴턴은 나지막한 목소리로 대답했다.

앨리스는 자신이 떠난 뒤 이상한 나라가 어떻게 되었는지 궁금했다.

"뉴턴 박사님, 이상한 나라에서 원자 폭탄이 터졌을 때 어떻게 되었어요?"

"말도 마. 난리가 났지. 이상한 나라 절반이 원자 폭탄으로 폐허가됐어. 하트 여왕을 비롯하여 카드의 병사들은 모두 불에 타 없어지고, 초대받은 귀빈들은 확실하지 않지만 모두 공중으로 날아갔을 거야. 다행히 나와 아인슈타인은 체셔 고양이가 순간 이동을 시켜 준 덕에 죽지는 않았지만, 거지 신세가 되어 이상한 나라를 떠돌아다녔지. 수완이 좋은 아인슈타인은 연구소에 취직을 해서 과학 연구를 계속하고 있어. 나는 나이가 많아 취직도 못하고. 아무튼 힘들었어."

뉴턴은 침통한 표정으로 말했다.

"그런데 쐐기벌레는 함께 오질 않았네요?"

"그래. 들리는 소문으로 쐐기벌레는 아인슈타인 곁에서 연구 활동을 돕고 있다고 해. 매일 큰 사과 한 개씩을 받는다는 조건으로 말이야."

"아무튼 다행이네요. 잘 하면 다시 만날 수 있겠어요."

앨리스가 얼굴에 환한 미소를 띠우며 말했다.

앨리스와 뉴턴의 대화는 계속되었다. 두 사람의 대화가 끝없이 이어지자, 참을성이 없는 팅커벨이 앨리스와 뉴턴은 알아듣지 못할 요정의 말로 대화에 끼어들었다.

"딸랑 딸랑 딸랑 딸랑 딸랑 딸랑(이러다가는 날 새겠네. 놀이공원은 언제 만들 거야? 이야기는 나중에 하고, 할 일을 해야지.)"

"참 그렇지. 뉴턴 박사님, 우릴 좀 도와주세요."

공중에서 팔짱 낀 채로 두 사람의 대화를 듣고 있던 피터 팬이 말했다.

"이 늙은이가 뭘 도와줄 것이 있다고? 그래 뭔데?"

앨리스가 피터 팬의 설명을 도왔다.

"후크 선장을 쫓아내고, 네버랜드가 다시 평화를 찾은 기념으로 놀이공원을 만들려고 해요. 그런데 놀이기구를 만들려고 하니까 과학 실력이 딸려서 설계도 못하겠어요."

"호오, 그래? 누구 생각인지 모르겠지만 훌륭한 아이디어야. 네버랜드에 놀이공원을 만들어, 누구든지 와서 놀이기구를 타게 한다면 정말 좋은 일일 것 같구나. 내 기꺼이 도와주지."

뉴턴은 무엇보다 할 일이 생긴 것이 기뻐 앨리스의 제안을 흔쾌히 받아들였다.

"그러면 어떤 놀이기구를 제일 먼저 만들지 생각해 보았니?"

뉴턴이 피터 팬에게 물었다. 그러자 피터 팬은 앨리스에게 눈길을 돌렸다.

"뉴턴 박사님. 놀이기구는 저보다 앨리스가 더 잘 알고 있어요. 저는 이야기만 들었지 실제로 타 본 적은 없거든요."

"그래? 그러면 앨리스가 말해 보렴. 나도 놀이기구를 실제로 본 적이 없어서 말이지."

뉴턴과 피터 팬은 동시에 앨리스를 쳐다보았다. 두 사람의 눈길이 모두 자신에게 쏠아지자 앨리스는 당황했다. '어쩌지? 미리 생각해 둔 것이 없는데? 무엇을 먼저 만들어야 할까?' 앨리스는 놀이공원에 갔을 때 보았던 놀이기구들을 재빨리 떠올려 보았다. 그러자 제일 먼저 자이로드롭이 생각났다. '좋아! 요즘 제일 유행하는 자이로드롭이 좋겠다.'

앨리스가 자이로드롭을 말하자 함께 듣던 아이들이 술렁였다. "자이로드롭이 뭐냐?", "태어나서 처음 듣는 말 같은데?" 등등.

"자이로드롭이 어떻게 생긴 거지?"

뉴턴과 피터 팬이 앨리스의 얼굴을 쳐다보았다. 그러자 앨리스는 바닥에 쪼그리고 앉아, 기억나는 대로 자이로드롭을 그려 어떻게 움직이는지를 설명했다.

뉴턴은 앨리스가 그린 그림을 한참 쳐다보았다. 그리고 뭔가를 골똘히 생각하더니 피터 팬이 건네 준 종이에 설계도를 그리기 시작했다.

박살난 자이로드롭

다음날부터 네버랜드에 자이로드롭을 만들기 위한 공사가 시작되었다. 모든 일이 뉴턴의 설계도를 바탕으로 진행되었다. 중앙에 공장 굴뚝같이 생긴 거대한 기둥이 세워졌다.

뉴턴의 말에 의하면, 기둥의 높이는 120m에 이르는데, 40층 건물의 높이와 맞먹는다고 했다. 굴뚝같이 생긴 기둥에는 사람들이 탈 수 있는 곤돌라가 설치되었다. 곤돌라에는 40개 정도의 의자와 사람들의 안전을 위한 안전막대가 부착되었다.

자이로드롭이 완성되던 날, 뉴턴은 시범 운행을 하겠다고 발표했다. 놀이기구를 타는 데 자신이 있던 앨리스는 자신이 대표로 타 보겠다고 했으나, 뉴턴은 아직 자이로드롭이 안전한지 검증이 되지 않아 위험할 수 있으니 사람을 태우지 않고 기계 작동만 하겠다고 했다.

뉴턴이 전원 스위치를 누르자, 자이로드롭의 기둥에서 "철커덕" 하는 소리가 나며 곤돌라가 하늘 위로 움직이기 시작했다. 곤돌라는 올라

가면서 기둥을 중심으로 조금씩 회전을 했는데, 이것은 놀이기구를 타는 사람들을 좀더 재미있게 하기 위한 뉴턴의 아이디어였다.

곤돌라는 꼭대기에 이르자 회전을 멈추었고, 잠시 후 빠른 속도로 낙하했다. 그런데 곤돌라는 바닥 가까이서 멈추지 않고 그대로 땅으로 처박혀 굉음과 함께 박살이 나버렸다.

당황한 뉴턴은 자이로드롭을 움직이는 조정 장치로 허겁지겁 달려가 원인을 찾았다.

"갑자기 정전이 됐나 보다. 곤돌라 밑바닥과 기둥 아래에 있는 전자석에 전기가 공급이 되지 않아 브레이크가 작동되질 않았어. 휴~, 사람이 타고 있지 않아 다행이지, 아니면 큰일 날 뻔했어."

뉴턴은 이마에 흐른 진땀을 닦으며 말했다.

"정전이 되더라도 전기가 계속 공급될 수 있도록 자가 발전기를 설치해야겠어요."

옆에 있던 피터 팬이 말했다.

"아니야. 그래도 안심이 되질 않아. 전기 공급에 상관없이 브레이크가 작동될 수 있는 방법을 찾아야해. 내게 잠시 생각할 시간을 다오."

뉴턴은 부서진 곤돌라의 뒷정리를 피터 팬에게 맡기고, 아이들 집 근처에 마련한 놀이기구 제작연구소로 설계도를 가지고 갔다. 연구소에 들어간 뉴턴은 그날 밤 얼굴을 보이지 않았다. 앨리스가 저녁식사를 하라고 찾아갔지만 문을 잠근 채 대답이 없었다. 뉴턴의 연구소는 밤이 새도록 불이 꺼지지 않았다.

완벽한 브레이크 장치의 개발

다음날 아침 일찍, 뉴턴은 새로 만든 설계도를 가지고 현장에 나타났다. 피터 팬과 앨리스 그리고 일을 도와 줄 친구들이 뉴턴을 중심으로 빙 둘러섰다.

"새로운 브레이크 장치야. 외부에서 전기가 공급되지 않아도 추락을 막을 수 있는 장치이지."

뉴턴은 설계도를 보며 자신 있게 말했다.

"전기가 공급되지 않아도 된다니, 어떤 원리를 이용한 거예요?"

앨리스가 물었다.

"응, 전자기 유도 현상으로 맴돌이 전류가 생기는 것을 응용한 거야. 맴돌이 전류는 자기장의 변화를 방해하기 위해 생기는 전류인데, 구리나 알루미늄 같은 금속 주변에서 자석을 빨리 움직이면 금속에는 맴돌이, 즉 소용돌이처럼 흐르는 전류가 생겨. 그런데 이 전류는 자석처럼 자기장을 만드는데, 이 자기장은 주변에 가까이 오는 자석과 같은 극을 가지지. 자석의 N극이 가까이 오면 맴돌이 전류에 의한 자기장은 N극이 되고, S극이 가까이 오면 자기장은 S극을 만들어."

뉴턴은 굉장히 진지한 표정으로 열심히 설명하였으나 앨리스는 뉴턴이 하는 말을 이해할 수 없었다. 피터 팬은 아예 먼 산을 쳐다보며 딴청을 부렸고, 곁에 있던 다른 아이들은 하품만 하며 뉴턴의 설명이 언제 끝나나 기다리고 있었다.

전자기 유도 현상이란?

코일(구리 도선) 근처에 자석을 접근시키거나 멀리 두는 등 자석을 움직이면 코일에 전류가 흐르는 현상을 말한다. 자기장 속에서 코일을 움직이면 코일 속에 있는 전자들이 자기장에 의해 힘을 받아 움직이게 되므로, 코일에 전류가 흐르는 것이다.
이때 전류는 자석의 운동을 방해하는 방향으로 흐른다.

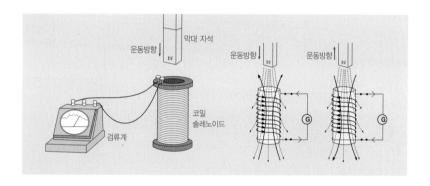

전자기 유도 현상을 이용한 것으로는 발전기와 마이크를 들 수 있는데, 발전기는 매우 센 자석 사이에서 코일을 빠른 속도로 회전시키면 전자기 유도 현상에 의해 코일에 전류가 발생하는 원리를 이용한다.
또한 마이크는 기본적으로 코일, 자석, 떨림판으로 이루어져 있다. 마이크 앞에서 나는 소리의 진동이 떨림판을 진동시키면, 떨림판에 붙어 있는 코일이 진동한다. 자석 근처에서 떨리는 코일에는 유도 전류가 발생하는데 이 전류가 전기적 신호로 바뀌어 스피커를 통해 소리로 변환되어 나온다.

"뉴턴 박사님! 너무 어려워요. 도대체 무슨 말씀을 하시는지 모르겠어요."

앨리스가 아이들을 대표해서 뉴턴의 설명을 가로막았다. 그러자 뉴턴은 들고 온 가방에서 물건들을 잔뜩 꺼냈다.

가방에서 나온 물건은 1m 길이의 구리 관·플라스틱 관·대나무 및 링 모양의 자석과 초시계였다. 뉴턴은 먼저 구리로 된 관에 링 모양의 자석을 끼워 위에서 아래로 떨어지는 시간을 쟀다. 그리고 같은 방법으로 플라스틱 관과 대나무에다 자석을 끼우고 자석이 떨어지는 시간을 쟀다. 그 결과 세 가지 관 중에서 구리로 된 관을 지나는 자석이 가장 느리게 떨어졌다.

구리 관   플라스틱 관   대나무

"뉴턴 박사님, 신기하네요. 특별한 장치를 하지 않았는데도 자석이 구리와 같은 금속을 지날 때 속도가 느려지네요!"

피터 팬은 실험에 크게 놀란 듯했다.

"이제 알겠지? 자석이 금속으로 된 물질을 지나갈 때는 그 금속에 맴돌이 전류를 만들고, 그 전류는 금속을 자석으로 만들지. 그때 두 자석은 서로 같은 극이 되어 밀쳐내는 힘을 가지게 되는 거야."

그때 아이들 중 한 명이 손을 번쩍 들고 물었다.

"그런데 박사님. 이것이 자이로드롭의 브레이크 장치와 무슨 관계가 있는 거예요?"

"아직도 모르겠니? 이런 장치를 자이로드롭에 하겠다는 거야. 자이로드롭 기둥 안에 금속을 설치하는 거지. 그리고 곤돌라 뒤에 자석을 부착하면 앞에서 실험한 장치와 같은 형태가 되는 거야. 곤돌라가 꼭대기에서 빠른 속도로 떨어지면서 기둥 안의 금속판이 있는 위치를 지나면 곤돌라의 속도는 급격하게 떨어지게 되는 거야."

"야~, 박사님은 역시 천재시네요. 그렇게 하면 절대로 곤돌라가 땅에 처박히는 일은 없겠어요. 전기가 공급되지 않아도 맴돌이 전류 때문에 브레이크 장치가 작동하니까 말이에요."

아이들은 박수를 치며 뉴턴을 향해 환호성을 보냈다. 뉴턴은 어깨를 으쓱하며 손을 들어 아이들의 환호성에 화답했다.

'무중력 상태'를 경험하다

뉴턴의 뛰어난 과학으로 완벽한 브레이크 장치가 완성되었다. 앨리스는 서울에서 자이로드롭을 타면서 느꼈던 짜릿한 쾌감을 떠올리며 자이로드롭이 타고 싶어 안달이었다. 그런 앨리스의 마음을 눈치 챈 뉴턴은 탈 사람을 신청받았다.

"자이로드롭을 타고 싶은 사람?"

"저요!"

앨리스는 재빨리 대답하고, 뉴턴의 대답을 듣기도 전에 곤돌라 의자에 냉큼 올라앉았다. 몇몇 아이들도 앨리스의 뒤를 따라 의자에 앉았다. 잠시 후 머리 위에서 안전막대가 내려왔고, 곤돌라가 서서히 회전하며 하늘을 향해 올라갔다. 곤돌라에는 발판이 없기 때문에 발이 공중에 떠 있었다. 아이들은 모두가 자이로드롭을 처음 타 보았기 때문에 벌써부

터 낮은 소리로 신음하고 있었다. 앨
리스는 '아직 시작도 안 했는데 벌써
겁을 먹다니, 쯧쯧…' 생각하며, 담담
하게 앉아 기다렸다.

곤돌라가 자이로드롭 기둥 꼭
대기에 이르자, 기계는 잠시 멈추
었다. 100m 이상의 높이에서 바라보
는 네버랜드의 풍경은 아름다웠다. 앨
리스는 어제 자신이 이 아름다운 곳
위를 날았다는 생각을 하니 가슴이
벅차올랐다. 앨리스 옆에 앉은 피터
팬은 싱글벙글 신이 났다. 하지만 피터
팬을 제외한 아이들은 잔뜩 겁을 집어 먹고 엉덩이나 고개를 자꾸 뒤
로 빼거나 아예 눈을 질끈 감아버렸다.

그것도 잠시, 곤돌라는 아무런 예고도 없이 아래를 향해 곤두박질쳤
다. 아이들은 모두가 비명을 질러댔다. 피가 위로 솟구치는 느낌과 마치
공중에 붕 떠 있는 느낌으로 앨리스는 말할 수 없는 짜릿함을 느꼈다.

곤돌라가 바닥 가까이에 이르자, 브레이크 장치가 작동하여 곤돌라
는 서서히 속도를 줄여 멈추어 섰다. 아이들은 모두가 몸이 천근만근 무
거워지면서 땅이 꺼지는 느낌을 받았다.

네버랜드의 첫 번째 놀이기구 자이로드롭의 시범 운행은 성공적이었

다. 처음에는 겁에 질려 눈물을 흘리던 아이들도 용감하게 자이로드롭을 탔다는 사실에 우쭐해 했고, 그 후 몇 번이고 자이로드롭을 타겠다며 아우성이었다.

앨리스와 아이들이 자이로드롭을 타며 재미있는 시간을 보내고 있을 때 뉴턴이 놀이기구 연구소에서 속이 들여다보이는 투명 상자 몇 개를 가지고 나타났다. 투명 상자 안에는 호두알이 들어 있었다.

"앨리스, 이 상자를 안고 자이로드롭을 타 보렴. 내려올 때 신기한 현상을 경험하게 될 거야."

앨리스와 아이들은 뉴턴이 준 상자를 안고 다시 곤돌라에 올랐다. 앨리스는 곤돌라가 밑으로 내려오는 동안 뉴턴이 말한 신기한 현상이 일어나기를 기다렸다.

그런데 정말 신기한 현상이 일어났다. 곤돌라가 밑으로 내려오는 동안 상자 바닥에 있던 호두알이 저절로 공중으로 떠올랐고, 바닥에 도착하자마자 다시 원래 있던 바닥에 얌전히 내려앉았다.

앨리스는 무엇 때문에 이런 현상이 일어나는지 궁금해서 곧바로 뉴턴에게로 달려갔다.

"박사님, 정말 신기해요. 어떻게 호두알

이 공중에 떠 있을 수 있어요?"

"음. 그건 자이로드롭을 탈 때 '무중력 상태', 아니 정확하게 표현하자면 '무게가 없는 상태'가 나타나기 때문이지."

뉴턴은 빙그레 웃으며 답했다.

"무중력 상태, 아니 무게가 없는 상태라니요? 어떻게 자이로드롭을 타면 무게가 없는 상태가 될 수 있는 거예요?"

이번에는 명랑하고 붙임성이 좋아 앨리스와 가장 먼저 친해진 닙스가 질문했다.

뉴턴은 아이들이 진지하게 생각하고 계속 의문을 가지고 질문하는 것은 대단히 기쁜 일이라며, 무게가 없는 상태가 만들어지는 것은 자이로드롭에서 일어나는 자유 낙하 운동 때문이라고 말했다. 아이들은 뉴턴에게 좀더 자세히 설명해 달라고 부탁했다.

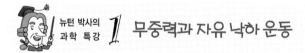

뉴턴 박사의 과학 특강 *1* 무중력과 자유 낙하 운동

다음 이야기는 뉴턴 박사가 자이로드롭을 만든 후에 피터 팬을 비롯한 네버랜드의 남자 아이들에게 무중력과 자유 낙하 운동에 대해 설명한 내용이다. 뉴턴은 '무게가 없는 상태'가 생기는 까닭은 자이로드롭의 곤돌라가 '자유 낙하 운동'을 하기 때문이라고 했다.

🍎 무중력 상태? 무게가 없는 상태? 뉴턴은 '무중력 상태'란 잘못 사용되고 있는 용어라고 했다. 왜냐하면 무중력(無重力)이란 중력이 없다는 뜻인데, 이 우주에 중력이 없는 곳은 존재하지 않기 때문이다. 우주에는 수많은 천체들이 있어 이들은 아무리 멀리 떨어져 있어도 서로에게 중력을 미친다.

그러면 '무중력 상태'를 올바르게 표현하면 어떻게 될까? 뉴턴은 '무게가 없는 상태'라고 말해야 옳다고 했다. 실제로 영어로는 무중력 상태를 'weightless state'라고 하는데, 이를 번역하면 '무게가 없는 상태'이다. 뉴턴은 앞으로 '무중력 상태'라는 말 대신에, '무게가 없는 상태'라는 말로 고쳐 써야 정확하다고 했다.

🍎 자유 낙하 운동이란 무엇일까? 어떤 물체가 높은 곳에서 낮은 곳으로 떨어지는 것은 지구 중심 쪽으로 작용하는 중력의 영향을 받기 때문이다. 이렇게 떨어지는 운동 중에서 특히 중력만 작용하는 경우를 자유 낙하 운동이라한다. 과학적으로 좀더 정확하게 표현하면 초속도가 0인 물체가 지상을 향해 공기의 저항을 받지 않고 떨어지는 운동을 말한다.

🍎 자유 낙하 운동이 일어나는 까닭은 무엇일까? 우주에 존재하는 모든 물체 사이에는 서로 잡아당기는 힘이 작용한다. 앨리스와 체셔 고양이 사이에도 이 힘이 작용하고, 모기와 파리 사이에도 이 힘이 작용한다. 그리고 달과 지구 사이에도 이 힘이 작용한다. 그래서 뉴턴은 이 세상에 존재하는 모든 것들 사이에 있는 힘이라고 해서 이를 '만유인력(萬有引力)'이라고 불렀다.

뉴턴은 만유인력(F)의 크기는 물체의 질량(M, m)과 떨어진 거리(r)에 따라 달라지는데, 질량의 곱에 비례하고 거리의 제곱에 반비례하는 것을 알아

냈다. 이것이 만유인력의 법칙이며, 식으로 나타내면 다음과 같다(G는 만유 인력 상수라 부르고, 실험으로 구할 수 있다).

$$F = G \cdot \frac{Mm}{r^2}$$

만유인력은 매우 작은 힘이다. 그래서 질량이 작은 물체 사이에서는 느끼기가 아주 힘들다. 사람과 사람 사이에도 만유인력은 작용하는데 우리가 이를 느끼지 못하는 이유는 우리의 질량이 매우 작기 때문이다. 하지만 지구처럼 매우 큰 물체의 경우는 다르다. 지구는 질량이 아주 큰 물체이기 때문에 상당한 양의 만유인력을 가지고 있다. 지구에서의 만유인력을 흔히 중력이라고 하는데, 이 중력 때문에 지구에 있는 것들이(사람을 포함해서) 지구에 붙어 있을 수 있는 것이고, 달도 지구를 벗어나지 못하고 있는 것이다. 또한 이 중력 때문에 높은 곳에 있는 물체들은 밑으로 자유 낙하 운동을 한다.

● **자유 낙하 운동을 할 때 '무게가 없는 상태'를 체험하는 까닭은 무엇일까?**
서울에 있는 63빌딩의 63층에서 엘리베이터를 탔는데, 갑자기 엘리베이터를 붙들고 있던 강철 줄이 끊어졌다고 생각해보자. '무게가 없는 상태'와 관련하여 어떤 일이 일어날까?(참고로, 이런 일은 실제로 일어나지 않는다. 엘리베이터에는 여러 종류의 안전장치가 마련되어 있기 때문이다. 그러니까 걱정하지 말도록.)

먼저 엘리베이터의 경우이다. 중력은 계속 엘리베이터를 잡아당기므로 엘리베이터는 중력에 의해 속도가 점점 증가하는 자유 낙하 운동을 한다.

이번에는 엘리베이터 안에 있는 사람의 경우이다. 사람도 중력에 의해 밑으로 떨어지는 자유 낙하 운동을 한다. 엘리베이터와 마찬가지로 사람도 중력에 의해 속도가 점점 증가하는 중력가속도 운동을 한다.

따라서 엘리베이터도 중력가속도 운동을 하고, 사람도 중력가속도 운동을 한다. 그런데 엘리베이터와 사람이 같은 속도로 밑으로 떨어지므로 사람은 엘리베이터 바닥이 자신의 몸을 떠받치는 힘을 느낄 수 없다. 사람은 자신의 몸무게를 느낄 수 없는 '무게가 없는 상태'를 경험하게 되는 것이다.

엘리베이터에 탄 사람이 떨어지면서 주머니에서 동전을 꺼내어 가만히 놓아둔다고 가정해보자. 어떤 일이 생길까? 동전도 사람과 같은 속도로 자유 낙하를 하게 되므로 처음 동전을 둔 위치는 그대로 있는 것처럼 보일 것이다. 이때 동전도 '무게가 없는 상태'가 된다.

과학자가 되고 싶은 닙스

뉴턴은 자이로드롭에서 앨리스와 아이들이 느낀 '무중력 상태', 즉 '무게가 없는 상태'도 같은 원리로 설명할 수 있다고 했다. 자이로드롭의 곤돌라와 그 곤돌라 의자에 앉아 있는 앨리스는 같은 중력에 의해 자유 낙하 운동을 하게 되므로 떨어지는 속도가 같고, 몸을 떠받치는 힘이 없어져 자신의 무게를 느낄 수 없는 것이다.

뉴턴의 설명이 끝나자 남자 아이들의 반응은 제각각이었다. 앨리스와 닙스, 그리고 투틀즈를 제외한 아이들은 모두 시큰둥했다. 특히 글자도 제대로 읽을 줄 모르는 피터 팬의 반응이 제일 안 좋았다.

"앨리스 때문에 오히려 재미가 없어지는 것 같아."

쌍둥이의 말에 피터 팬은 고개를 끄떡였다. 그러나 대장 체면에 무식하다는 이야기를 듣기 싫어서 소리 내어 동의하지는 않았다.

앨리스는 그동안 엘리베이터 안에서 느꼈던 현상들에 대한 답을 알게 된 것이 무엇보다 기분 좋았다. 닙스는 투틀즈를 꼬드겨서 다시 자이로드롭으로 갔다. 뉴턴이 설명한 내용을 몸으로 다시 체험해 보겠다고 했다.

닙스는 자이로드롭을 만드는 과정에 여러 가지 과학적인 원리가 들어가는 것을 보고 큰 흥미를 느꼈다. 그동안 네버랜드에서는 경험할 수 없었던 신기한 과학의 세계를 알게 된 것이 무엇보다 기뻤다. 그래서 닙스는 뉴턴의 조수가 되기를 자청했다.

"저…, 뉴턴 박사님. 전 과학이 재미있어요. 박사님의 설명을 듣고, 새로운 것을 하나씩 배워나가니까 새 사람이 되는 것 같아요. 저도 커서 박사님 같은 좋은 과학자가 되고 싶어요. 그래서 전 세계 어린이들에게 놀이공원을 만들어 주고 싶어요."

닙스가 쑥스러운 듯 머리를 긁적이며 말하자, 나머지 아이들의 눈이 휘둥그레졌다. 그러나 뉴턴은 그런 닙스가 기특했다.

"좋은 생각이야. 안 그래도 똑똑한 조수가 필요했는데, 좋았어. 오늘부터 닙스는 내 수석 조수가 되는 거야."

뉴턴은 마치 중세시대의 왕이 기사에게 작위를 하사하듯 닙스 어깨에 손을 얹으며, 닙스가 오늘부터 뉴턴의 조수임을 선언했다.

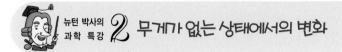

뉴턴 박사의 과학 특강 **2 무게가 없는 상태에서의 변화**

다음 이야기는 뉴턴 박사가, 과학자가 되고 싶어 하는 닙스가 기특하여 닙스만 따로 불러 무게가 없는 상태(=무중력 상태)에서 일어나는 여러 변화에 대해 알려 준 내용이다.

🍎 **우주 멀미를 한다** 우리 몸의 균형은 귓속에 있는 세반고리관이 맡고 있다. 세반고리관 안에는 아주 작은 털(융모)이 있고 그 위에 미세한 모래 알갱이 같은 입자(이석)가 있다. 우리가 몸이 기울었다는 것을 아는 것은 몸이 기울 때 그 입자들이 한곳으로 쏠려, 그 밑에 있는 작은 털들이 그것을 느끼기 때문이다.

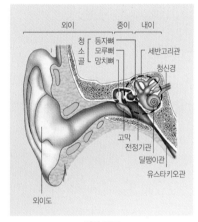

귀의 구조

특히 흔들리는 차나 배를 타면 이들 입자의 흔들림이 더욱 심하게 되어 우리의 신경 계통을 힘들게 하고, 우리는 멀미를 하게 된다. 그래서 멀미에 약한 이들은 귀밑에 멀미약 성분이 있는 약을 붙이는데, 이 멀미약은 작은 털의 반응을 대뇌에 전달하는 신경 세포를 마취시키는 작용을 하므로, 멀미를 느끼지 않게 한다.

그런데 우주선과 같이 무게가 없는 상태가 되면 어떻게 될까? 우주에서는 중력을 거의 느끼지 못하므로, 세반고리관은 몸의 균형을 잡기 힘들어지고, 몸은 이에 대한 반응으로 멀미를 한다. 이런 멀미를 '우주 멀미' 라고 부른다.

🍎 **골다공증에 걸리기 쉽다** 중력의 영향을 거의 받지 않으면, 우리 몸을 지탱하기 위해 뼈가 튼튼할 필요가 없게 된다. 따라서 뼈에서 칼슘 성분이 빠져 나오게 되는데, 우주 생활을 오래하는 사람들은 지상에서보다 운동을 더욱 열심히 하여 튼튼한 뼈를 유지해야 한다.

🍎 **액체는 완전한 구 모양을 이룬다** 하늘에서 떨어지는 빗방울의 모양을 자세히 관찰하면, 위쪽이 약간 뾰족하고 아래쪽 바닥은 평평한 모양을 이룬다. 이것은 중력의 영향을 받고 있기 때문이다. 그러나 중력이 거의 없는 곳에서 물방울을 아래로 떨어뜨리면 어떻게 될까?

물방울은 본래 물 분자가 서로 잡아당기는 표면 장력 때문에 구를 이루려는 성질이 강하다. 하지만 평소에는 표면 장력 외에 중력의 힘을 많이 받기 때문에 구 모양을 이루지 못하는 것이다. 따라서 이 중력이 사라진다면 물방울은 거의 완전한 구에 가까운 모양을 유지할 수 있다. 이러한 현상은 우주선 안에서 오렌지 주스 방울이 마치 구슬처럼 떠돌아다니고, 사람들이 가까이 가서 입으로 '훅' 하고 빨아 당겨 먹는 모습에서 실감 나게 볼 수 있다.

🍎 **촛불을 켤 수 없다** '무게가 없는 상태'에서는 대류 현상이 일어나지 않는다. 대류 현상이란, 따뜻해진 공기나 물은 가벼워서 위로 올라가고, 반면 차가운 공기나 물은 무거워서 아래로 내려오는 현상이다. '무게가 없는 상태'에서는 무겁고 가볍다는 것은 의미가 없어진다. 따라서 공기에 대류 현상이 일어나지 않는다.

그럼 양초의 불은 왜 켤 수 없는 것일까? 촛불이 계속 타기 위해서는 새로운 산소가 공급되어야 하는데, 대류 현상이 일어나지 않으면 산소를 공급받을 수 없고, 주위에는 이산화탄소만 가득하게 된다. 때문에 양초에 불을 붙여도 곧 꺼지고 만다.

🍎 **나사못 대신에 사람이 돈다**   무게가 없는 상태에서는 여러 가지 특이한 운동 현상을 체험할 수 있다. 예를 들어 우주선에 있는 사람이 서랍을 열면, 서랍은 열리지 않고 대신 사람의 몸이 서랍 쪽으로 끌려간다. 또한 드라이버로 나사못을 돌리면 나사못은 돌지 않고 사람이 돌게 된다.

롯데월드 회전목마

네 버 랜 드 의   두   번 째   이 야 기

팅커벨의
회전목마

팅커벨의 회전목마 ★ 원심력과 구심력

팅커벨의 가출

앨리스는 피터 팬과 남자 아이들이 사는 튼튼하고
아늑한 땅 밑 집을 좋아하게 되었다. 집 안에는 색깔이 예쁘고 향긋한
버섯들이 자라고 있었는데, 그 버섯은 크기가 커서 아이들은 의자로 사
용했다. 버섯들 가운데에는 밑동이 넓은 나무 한 그루가 있었는데, 톱으
로 잘라 탁자로 사용했다. 벽난로는 모든 사람들이 불을 쬘 수 있을 만
큼 충분히 컸다.

팅커벨의 방은 벽에 강아지 집 크기로 구멍 난 곳에 있었는데, 분홍
색 커튼이 문을 대신하였다. 팅커벨은 여자 요정이었기 때문에 깔끔

떨기가 유난스러웠다. 특히 옷을 갈아입을 때는 분홍색 커튼 뒤로 초록색 커튼을 다시 쳤다. 앨리스는 팅커벨 몰래 그녀의 방을 살짝 훔쳐본 적이 있는데, 화장대와 침대, 그리고 옷장이 아주 예쁘게 꾸며져 있었다.

앨리스는 아이들과 함께 맛있는 저녁 요리를 준비했다. 저녁 메뉴는 고구마, 코코넛, 돼지 삼겹살이었고, 후식으로는 맛있는 포도를 준비했다. 피터 팬은 뉴턴을 데리러 밖으로 나갔다. 뉴턴은 땅 밑 집보다는 햇빛이 잘 들어오는 땅 위 연구소에서 생활했다.

앨리스는 그동안 알고 있던 모든 요리 솜씨를 발휘하여 저녁식사를 성대하게 준비했다. 여섯 명의 남자 아이들과 체셔 고양이는 나무 테이블을 중심으로 빙 둘러 버섯 의자에 앉았다.

음식을 나누려고 할 때 앨리스는 문득 팅커벨이 자리에 없다는 것을 깨달았다. 가만히 생각해보니 낮부터 통 보이질 않았다.

"닙스, 팅커벨을 찾아보렴. 어디 갔는지 아까부터 보이질 않네."

앨리스가 닙스에게 말했다.

"정말 그러네? 오늘따라 딸랑거리는 종소리가 들리지 않는다 했더니 팅커벨이 보이지 않은 거였구나. 어이 쌍둥이들아, 너희들은 팅커벨을 봤니?"

쌍둥이들이 고개를 저었고, 투틀즈와 슬라이틀리도 고개를 저었다. 그때 피터 팬이 뉴턴을 데리고 들어왔다.

"피터 팬, 오늘 팅커벨을 본 적 있어?"

투틀즈가 물었다.

"아니, 보지 못했어. 팅커벨이 없어졌니?"

피터 팬은 별일 아니라는 듯 식탁에 앉으며 되물었다. 아이들은 맛있는 음식을 앞에 두고 팅커벨을 찾아 나서기가 귀찮았는지 서로에게 묻기만 할 뿐 아무도 찾아 나서려 하지 않았다. 하는 수 없이 앨리스는 성격 좋은 닙스와 체셔 고양이를 데리고 팅커벨을 찾아 나섰다.

네버랜드의 지리에 밝은 닙스가 앞장을 섰다. 닙스는 팅커벨이 가끔 호수의 인어들과 잘 논다며 호수로 먼저 가보자고 했다. 한참 걸었더니 저 멀리 어둠 속에서 연한 빛깔의 희미한 웅덩이 같은 것이 보였다.

"앨리스! 저기 호수 가운데를 봐. 반짝반짝 빛나고 있는 것이 보여."

"어디, 어디?"

앨리스와 닙스는 체셔 고양이가 앞발로 가리키고 있는 방향을 보았다. 체셔 고양이의 말처럼, 호수 가운데 떠 있는 속이 깊고 챙이 넓은 모자 안에 팅커벨이 쭈그리고 앉아 훌쩍이고 있었다. 팅커벨의 우는 소리는 아주 슬픈 유리 종소리와 비슷했다.

"얘, 팅커벨! 어두운 곳에서 뭐 하고 있는 거니? 집에 가서 밥 먹자."

앨리스가 큰 소리로 팅커벨을 향해 말했다.

"팅커벨, 조금 있으면 무서운 인디언들이 나타나서 너를 잡아갈 거야. 그러니까 어서 이리로 와."

팅커벨의 대답이 없자 닙스가 겁을 주었다. 그러자 요란한 종소리가 호수에 울려 퍼졌다. 닙스의 말에 따르면, 팅커벨은 '아무리 그래도 안 가. 나는 혼자 여기서 굶어죽을 거야.'라고 말하며 고집을 부리고 있다고 했다. 닙스가 달래보기도 하고 겁을 주기도 하고 야단도 쳐보았지만 팅커벨은 꼼짝하지 않고 종소리만 요란하게 낼 뿐 반짝이는 빛을 뿌려대며 모자 안에서 나오질 않았다.

"팅커벨이 왜 저렇게 고집을 피우는 거지?"

앨리스가 답답한 마음에 닙스에게 물었다.

"응, 그건 너 때문이야. 팅커벨은 네가 미워서 다시는 우리에게 오질 않겠다고 저렇게 떼를 쓰고 있는 거야."

앨리스는 팅커벨이 왜 자기를 미워하는지 알 수 없었다.

"내가 어쨌는데?"

"으응. 그건 우리 남자 아이들은 잘 모르는데, 아마 질투 때문일 거야. 네가 우리에게 온 뒤로 아무도 팅커벨을 찾질 않았잖아. 그래서 쟤가 심술이 많이 났어."

닙스의 말을 듣자 앨리스는 팅커벨에게 미안한 마음이 들었다. 팅커벨의 투정이 틀린 것이 아니었기 때문이다. 앨리스는 같은 여자로서 질투라는 감정을 충분히 이해할 수 있었다.

앨리스와 닙스, 체셔 고양이는 집으로 돌아가 아이들을 팅커벨이 있는 호수로 데리고 왔다. 팅커벨이 계속 고집을 꺾지 않자 피터 팬과 남자 아이들은 팅커벨을 소홀히 대한 것을 사과했다. 난생 처음 피터 팬으로부터 "미안하다."라는 말을 듣자, 팅커벨의 슬픈 마음은 봄 눈 녹듯이 풀렸다. 얼굴에 웃음을 되찾은 팅커벨은 큰 종소리를 내며 컬리를 향해 뭐라고 말했다.

"욕심도 많기는…. 사과를 했으면 됐지, 또 뭘 해달라는 거야?"

종소리를 들은 장난꾸러기 컬리가 시큰둥하게 말했다.

"팅커벨이 뭐라고 했길래?"

앨리스가 궁금해서 피터 팬에게 물었다.

"팅커벨이 자기도 재미있게 놀 수 있는 놀이기구를 만들어 달래잖아."

피터 팬은 사과는 했지만 뭔가 못마땅한 표정으로 팔짱을 끼고 서서 말했다.

"뭐, 어려운 것도 아니네. 어차피 여자 아이들이나 무서움을 많이 타는 아이들이 좋아할 만한 놀이기구도 만들어야 하니까."

앨리스는 팅커벨의 마음을 충분히 이해했기 때문에 팅커벨을 위해 놀이기구를 만들어 주어야겠다고 생각했다.

팅커벨의 회전목마

앨리스는 놀이공원에서 여자 아이들도 쉽게 탈 수 있는 놀이기구가 뭐가 있을까 고민하다가 '회전목마'를 생각해냈다. '아마 이거면 팅커벨이 좋아할 거야.' 앨리스는 뉴턴과 함께 놀이기구 연구소에서 회전목마 설계도를 밤새도록 만들었다.

다음날 새벽부터 네버랜드의 놀이공원은 다시 바빠졌다. 모두들 회전목마를 만들기 위해 각자 맡은 일에 열심이었다. 팅커벨은 자신을 위해 만드는 놀이기구가 어떤 건지 궁금해서 계속 쫓아다니며 이것저것 간섭을 하며 부산을 떨었다.

저녁이 다 될 무렵 회전목마가 완성되었다. 브람스의 왈츠곡이 흐르는 가운데 모습을 드러낸 회전목마는 뉴턴과 앨리스가 팅커벨의 마음에 들도록 얼마나 신경을 썼는지 단번에 알 수 있었다.

회전목마의 가운데 큰 기둥 둘레에는 눈이 부실 정도로 예쁜 보석이 총총히 박혀 있었고, 지붕에는 레몬 색의 별 장식 무늬가 붙어 있었다. 지붕 밑으로는 수백 개의 전구가 켜져 있어 대낮처럼 밝았다. 또한 열두 개의 거울 속에는 여러 모습을 한 팅커벨의 그림이 들어 있었다. 회전목마 위를 올려다보니 뭉게구름과 신비한 일곱 빛깔 무지개를 볼 수 있었다. 그리고 무엇보다 놀라운 것은 회전목마들이 모두 열두 가지 맛

과 향이 나는 신비한 나무로 되어 있다는 것이었다.

환상적인 회전목마를 보고 신이 난 것은 팅커벨뿐만이 아니었다. 체셔 고양이는 입이 왕창 찢어질 듯이 웃으며, 오렌지 향이 나는 회전목마에서 바비큐 향이 나는 회전목마로, 바비큐 향이 나는 회전목마에서 딸기 향이 나는 회전목마로, 정신없이 깡충거리며 뛰어다녔다. 반면에 뉴턴은 마치 왕이 말을 타듯 위엄 있게 회전목마에 올라앉았다. 팅커벨은 특별히 자신을 위해 만든 제일 예쁜 목마에 탔고, 피터 팬과 남자 아이들도 제각기 자기 자리를 찾아 앉았다. 앨리스는 가장 바깥쪽 목마에 탔다.

"얘들아 어때, 정말 아름답고 환상적인 회전목마이지 않니? 우리가 만들었지만 너무 멋있구나! 하지만 회전목마 속에 숨어있는 과학의 원리를 알면 더 근사할 텐데."

뉴턴은 마치 자신에게 그 원리를 물어달라는 듯, 말한 뒤 헛기침을 하며 아이들의 반응을 기다렸다. 그러나 아이들은 회전목마를 타고 놀 생각에 뉴턴의 말이 귀에 들리지 않았다. 그것은 앨리스도 마찬가지였다. 지금은 그냥 맛있는 초콜릿 향이 나는 회전목마에 앉아 공주가 된 듯한 기분을 즐기고 싶을 뿐이었다. 앨리스는 기다란 은빛 봉을 우아하게 잡고 마치 공주가 된 듯 눈을 감고, '아아~, 어디서 백마 탄 왕자님이라도 나타났으면…' 하고 환상에 빠졌다.

회전목마는 빙글빙글 돌면서 동시에 아래위로 오르내려 실제로 말을 탄 듯한 즐거움을 주었다. 뉴턴도 어느새 눈을 감고 앉아, "아이들은 회전목마를 타면서 자라고, 어른들은 회전목마를 타면 도로 어린아이가 되지." 라고 말하며 회전목마가 주는 즐거움에 푹 빠져 들었다.

멈추지 않는 회전목마

그런데 천천히 돌던 회전목마가 갑자기 속도를 높이기 시작했다. 회전목마의 말들은 미친 듯이 돌기 시작했다. 아이들과 체셔 고양이, 뉴턴, 앨리스 모두 비명을 질렀고, 팅커벨과 피터 팬은 공중으로 날아올랐다. 회전목마의 말들은 안쪽부터 모두 세 겹으로 배열되어 있었는데, 체셔 고양이는 가장 안쪽 말에, 뉴턴은 중간 말에, 앨리스는 가장 바깥쪽 말에 타고 있었다. 그 중에서 앨리스가 탄 말이 가장 속도가 빨랐다. 회전목마의 속도가 점점 높아지면서 앨리스는 자꾸 바깥쪽으로 몸이 퉁겨 나가려는 것을 느껴 회전목마의 기둥을 꽉 붙들었다.

"으악! 뉴턴 박사님, 제 몸이 자꾸 밖으로 튕겨나가려고 해요! 이를 어떻게 해요…"

앨리스는 뉴턴에게 도움을 구했다. 그러나 뉴턴 또한 몸을 가눌 수가 없어 고개를 숙이고 회전목마가 멈추기만을 기다리고 있었다.

"엄마, 사람 살려! 피터 팬! 체셔 고양이! 나 좀 어떻게 해 봐."

앨리스는 다급한 소리로 피터 팬과 체셔 고양이를 교대로 부르며 구원을 청했다. 앨리스의 다급한 목소리를 들은 체셔 고양이가 용감하게 말에서 뛰어내렸다. 그러나 뛰어내리자마자 마치 공처럼 떼구르르 굴러 바깥쪽으로 튕겨나갔다. 다행히 몸을 회전시켜 크게 다치지는 않았다.

체셔 고양이는 여기저기를 뛰어다니다가 어디서 커다란 돌멩이를 들고 왔다. 그리고 그 돌멩이를 회전목마 밑에 있는 회전판 아래로 집어 던졌다. 회전판 아래에는 회전목마를 돌리는 기어 장치가 있었고, 그 기어 장치에 돌멩이가 들어가자 "우지끈" 하는 소리와 함께 회전판이 회전을 멈추었다. 그러자 공중에서 아무 손도 쓰지 못하고 어쩔 줄 몰라 했던 피터 팬이 먼저 내려와 앨리스를 구하고 다음으로 정신을 잃은 뉴턴을 구해냈다. 남자 아이들도 혼이 났는지 비틀거리며 회전목마에서 내렸다.

회전목마 밖으로 나온 앨리스는 어지럼증으로 제자리에 서 있을 수가 없어서 맨땅에 털썩 주저 앉았다.

잠시 후 정신을 차린 뉴턴이 옷에 묻은 흙을 털고 일어나 갑자기 속

도가 빨라진 까닭을 살피기 위해 회전목마 쪽으로 갔다. 한참을 살펴 본 뒤 원인을 찾는지 뉴턴은 고개를 끄떡이며 아이들이 있는 곳으로 돌아왔다.

"앨리스, 아까 회전목마를 타면서 왜 몸이 자꾸 밖으로 뛰쳐나가려고 하는지 물었지?"

뉴턴은 미안한 마음을 앨리스의 궁금증을 풀어주는 것으로 대신하고 싶었다. 앨리스는 그런 뉴턴의 마음을 알아챘다.

"세상에는 돌고 도는 것들이 참 많이 있지. 몇 가지 예를 컬리가 대답해 볼래?"

뉴턴은 외할아버지와 같은 자상한 표정으로 컬리에게 물었다.

"네. 쥐불놀이의 깡통, 시곗바늘, 동네 놀이터의 뺑뺑이 등이 있어요."

대답을 하는 컬리의 목소리는 씩씩했다.

"그래, 이렇게 돌고 도는 것들이 하는 운동을 원 운동 또는 회전 운동이라고 한단다. 과학에서 회전 운동은 매우 중요한 운동이야. 너희들이 알아듣기 쉽게 쥐불놀이를 예를 들어 설명할 테니 잘 들어 봐."

뉴턴은 이렇게 말한 후에 그림을 그렸다.

"자, 그림을 잘 보렴. 쥐불놀이에서 깡통이 원을 그리며 돌 때, 손이 원의 중심이 되고, 손의 힘이 쥐불이 밖으로 나가지 못하도록 중심을 향하여 당기고 있지? 이와 같이 원 운동하는 물체에 대하여 중심을 향하여 작용하는 힘을 구심력이라고 하는데, 이 힘은 회전 운동을 하는 모든 물체에 작용하고 있단다.

그런데 물체가 회전 운동을 할 때, 구심력과 반대 방향으로, 즉 바깥쪽을 향하여 발생하는 힘이 있는데 이를 원심력이라고 한단다. 원심력은 구심력에 대한 반작용으로 생기는 힘인데 힘의 크기는 구심력과 같아."

앨리스가 회전목마 바깥으로 나가려는 힘을 받은 이유

여기까지 설명을 들은 앨리스는 약간 호기심이 생겼다.

"그러면 아까 제가 바깥으로 튕겨져 나가려는 듯한 느낌을 가진 것

구심력은 회전하는 물체에 대하여 중심을 향하여 작용하는 힘이고, 원심력은 구심력과 반대 방향으로 같은 크기로 작용하는 힘으로, 실제 존재하는 힘이 아니라 구심력의 반작용으로 생기는 가상적인 힘이다.

이 바로 그 원심력 때문인가요?"

"빙고! 맞았어. 그 힘 때문에 체셔 고양이가 바닥에 내리자마자 바깥으로 튕겨나가기도 했지."

"그런데 아까 바깥쪽으로 향하는 힘을 제가 가장 많이 받은 것 같은데, 왜 그런 거예요?"

앨리스가 질문했다.

"그것은 회전하는 물체의 회전 속도가 빠를수록 원심력이 커지기 때문이야. 아까 우리 셋 중에서 앨리스의 회전 속도가 가장 컸기 때문에 가장 큰 원심력을 느낀 거지."

"제가 회전 속도가 가장 컸다니, 그 이유는 또 뭐예요?"

한 번 터지기 시작하자 앨리스의 질문은 계속되었다. 더욱 신이 난 뉴턴은 침을 튀기며 열심히 설명했다.

"회전 속도는 회전하는 거리와 관계가 있는데, 아까 앨리스가 가장 바깥쪽에 있었지? 그러니까 한 바퀴 도는 거리가 가장 멀었던 거야. 수학 시간에 원의 둘레를 계산할 때 어떻게 계산했니?"

뉴턴의 질문에 앨리스
는 자신이 없는 듯 우
물쭈물했다.

"원의 둘레를 계
산하는 식을 모르다
니, 쯧쯧쯧. 수학 공
부 다시 해야겠구나.

'원의 둘레 = 2 × 원주율 × 반지름' 이야. 여기서 원주율은 π(파이)라고
하고, 그 값은 약 3.14지."

뉴턴의 설명은 이어졌다.

"그러니까 회전목마의 중심에서 가장 멀리 있었던 앨리스가 가장 긴
원의 둘레를 돈 셈이고, 한 바퀴 도는 데 걸리는 시간은 앨리스, 체셔 고
양이, 나 모두가 같았으니까 결국 앨리스 네가 가장 빨리 돈 셈이란다."

"아, 그렇군요. 그래서 제가 가장 큰 원심력을 느낀 거군요."

앨리스는 자신이 가장 큰 원심력을 느꼈던 까닭을 이해하게 되었다.

"원심력을 나타내는 식은 다음과 같아. 이 식을 이용하면 아까 네가
느꼈던 원심력을 계산할 수도 있어. 한 번 해볼까?"

뉴턴이 땅바닥에 다음과 같은 식을 쓰며 말했다.

$$F = mr\omega^2$$
(F 구심력, m 질량, r 원의 반지름, ω 회전 속도)

"아, 아니에요. 그만 됐어요. 안 그래도 지금 속이 울렁거리는데, 그 식을 보니까 더 울렁거려요."

음악에 소질이 많아 피리를 잘 부는 슬라이틀리가 복잡하게 보이는 식을 보자마자 손을 내저으며 뒤로 물러났다.

"아닌데, 알고 보면 아주 쉬운 식인데…. 구심력은 앨리스의 질량과 원의 반지름에 비례하고, 또 앨리스의 회전 속도의 제곱에 비례하는데, 각각에 숫자만 대입하면 된다구."

뉴턴은 공식이라면 무조건 싫어하는 아이들의 속도 모르고 쫓아다니며 설명을 했다.

"앨리스, 네 질량부터 가르쳐 주렴."

이때 피터 팬이 나서서 뉴턴의 질문을 막아버렸다.

"아니 숙녀의 질량을 묻다니, 그건 비신사적인 행동이에요. 신사의 나라 영국에서 오셨다면서 그런 것도 모르세요? 남자 아이들 틈에서 자란 저도 아는 사실이에요."

피터 팬의 목소리는 쌀쌀맞았다. 뉴턴은 계면쩍은 얼굴로 이 문제는 다음 기회에 가르쳐 주겠다고 했다. 피터 팬은 잘난 척하는 뉴턴이 얄미웠다. 그래서 제 딴에는 어려울 것이라고 생각한 질문을 뉴턴에게 했다.

체셔 고양이가 바깥으로 팅겨나간 까닭

"그럼 이건 어때요? 아까 체셔 고양이가 바깥으로 팅겨나갔는데 그건 왜 그런지 설명해보세요."

"아하, 그것은 이유가 간단하지. 회전목마에서 내려오는 순간 체셔 고양이는 구심력을 받지 못했기 때문이야. 우리는 계속 회전목마 위에 있었기 때문에 구심력을 받고 있는 셈이었지만 말이야."

뉴턴은 의외로 쉽게 대답했다. 그러나 그 말을 이해하는 아이들은 아무도 없었다.

"쥐불놀이를 할 때 깡통을 매단 줄이 갑자기 끊어졌다든가, 아니면 줄을 잡고 있던 손을 놓았다고 생각해봐. 어떻게 되겠니? 밖으로 튕겨 나가겠지. 사람이 줄을 통해 잡아당기는 힘이 구심력인데, 줄이 끊어짐으로 인해 구심력이 사라졌기 때문이야. 체셔 고양이도 같은 꼴이 된 거지."

뉴턴은 아이들의 반응을 살피며 설명을 이었다.

"그리고 구심력이 사라질 때, 깡통이 날아가는 방향은 원심력 방향이 아니라, 원의 접선 방향이야. 그림을 봐."

뉴턴은 바닥에 있던 그림에 선을 하나 더 그렸다.

"같은 원리로 지구가 달을 잡아당기는 구심력, 즉 중력이 없어지면 달도 깡통처럼 자신의 궤도 접선 방향으로 날아갈 거야."

뉴턴의 설명이 끝없이 이어지자, 피터 팬 옆에서 날개를 파닥거리며 이 광경을 지켜보고 있던 팅커벨이 시끄러

운 종소리를 내며 땅바닥에 그려진 그림들을 모두 지우기 시작했다.

"아니, 팅커벨, 뉴턴 박사님이 힘들게 그린 그림들을 그렇게 무례하게 지워도 되는 거야? 도대체 요새 요정들은 버릇이 없어서 큰일이야. 쯧쯧쯧."

얌전하지만 용감한 투틀즈가 팅커벨을 나무랐다. 그러자 팅커벨은 더욱 심술이 나서 먼지를 일으키며 그림을 싹싹 지워버렸다. 앨리스는 팅커벨이 화가 난 이유를 알아 차렸다. 팅커벨은 자신을 위해 만든 회전목마가 부서졌기 때문에 화가 난 것이다. 앨리스는 다른 아이들에게 눈짓을 보냈고, 뉴턴과 아이들도 이유를 눈치 채고는 회전목마를 수리하기 위해 자리에서 일어났다.

회전목마는 커다란 회전판 위에 고정되어 있고, 회전판은 시계 반대 방향으로 1분에 6회 정도 회전하게 되어 있었다. 또한 회전판의 아래에는 말이 위아래로 움직일 수 있도록 크고 작은 기어가 복잡하게 설치되어 있었다. 그런데 그 기어 중의 하나가 제 역할을 하지 못하고 빠져 있었다. 그래서 회전판의 속도가 점점 빨라진 것이었다. 뉴턴과 아이들은 회전판을 들어내고, 기어를 갈고 다시는 빠지지 않게 잘 고정시켰다. 그리고 부서진 부분은 모두 새것으로 교체했다.

수리가 끝나고 뉴턴이 작동 스위치를 눌렀다. 회전목마는 경쾌한 멜로디를 내며 부드럽게 움직였다. 앨리스와 팅커벨은 공주처럼 우아하게 앉아 시간이 가는 줄 모르고 회전목마를 즐겼다.

롯데월드 4D입체관

네버랜드의

입체 영화관

네버랜드의 입체 영화관 ★ 빛의 성질, 편광

인디언 공주의 등장

팅커벨이 한 장의 편지를 가지고 나타난 것은 아이들이 점심식사를 하고, 고무줄놀이를 하고 있을 때였다. 고무줄놀이는 앨리스가 오늘은 무슨 일로 아이들을 재미있게 해 줄까 고민하다가 생각해 낸 것이었다. 남자 아이들이어서 축구나 농구 등을 가르쳐 주면 더 재미있었겠지만 앨리스는 축구나 농구에 대해서는 자신이 없었다. 다행히도 남자 아이들은 고무줄놀이를 매우 즐거워했다. 아이들은 '푸른 하늘 은하수~' 노래에 맞춰 폴짝 폴짝 뛰어 다니며 신나게 놀았다. 그래서 팅커벨이 나타난 것도 몰랐다.

　팅커벨은 자신이 나타난 것도 모르고 노는 아이들이 얄미워서 편지를 냅다 던져버렸다. 편지는 바람을 타고 날아가다가 따뜻한 햇볕을 즐기며 앉아서 졸던 뉴턴의 콧잔등을 때렸다.

　"아이쿠, 이게 뭐야?"

　깜짝 놀란 뉴턴은 눈을 게슴츠레 뜨고 땅에 떨어진 편지를 주웠다. 편지 봉투에는 '위대한 피쿠니네 부족의 공주 타이거 릴리가 피터 팬에게' 라고 쓰여 있었다. 뉴턴은 옆에 있던 피터 팬에게 편지를 건네 주고, 다시 낮잠을 청했다.

　피쿠니네 부족은 네버랜드에 살고 있는 인디언 부족이었다. 그들은 돌도끼와 칼을 갖고 다니고, 발가벗은 몸에는 페인트와 기름을 칠했다. 지도자의 이름은 '위대한 리틀 팬더' 였는데, 그는 아직 싸움에서 져 본 적이 없는 사나운 용사였다. 그리고 '타이거 릴리' 는 그의 딸로서 인디언 부족의 공주였다. 그녀는 걸을 때 늘 도도하게 머리를 꼿꼿이 들고 다녔으며, 피부는 태양에 알맞게 그슬려 구릿빛으로 탄탄해 보였다. 그녀는 늘 네버랜드 최고의 미녀로 불리길 원했고, 사실 그랬다. 그래서 마음이 얼음같이 차갑고 변덕이 심했지만, 인디언 남자들은 모두 그녀의 남편이 되기를 소망했다. 그렇지만 타이거 릴리는 항상 날카로운 손도끼를 들고 다녀서 아무도 그녀에게 '결혼하자.' 라는 말을 하지 못했다. 타이거 릴리가 자신의 부족 남자들에게 이렇게 냉담했던 데는 이유가 있었다. 그것은 피터 팬 때문이었다.

타이거 릴리가 피터 팬에게 관심을 가지게 된 것은 한 사건 때문이었다. 2년 전, 네버랜드에서는 후크 선장이 이끄는 해적 무리와 인디언 부족 사이에 큰 전쟁이 있었는데, 당시 열세에 몰린 후크 선장은 타이거 릴리를 포로로 잡는 야비한 수법으로 인디언 부족의 손발을 묶고는 그 전쟁을 자신들의 승리로 만들려고 했다. 아무도 손을 쓰고 있지 못하는 그때, 피터 팬이 혼자 당당히 후크 선장과 그 무리가 있던 인어 호수로 들어가 그녀의 목숨을 구했다.

그 사건 이후 타이거 릴리는 피터 팬에게 자주 편지를 보냈으며(그러나 질투심이 많은 팅커벨이 성실하게 배달하지 않고, 세 통 중 두 통은 몰래 버렸다.), 피터 팬이 어느 곳에 갔다 하면 그곳에 나타나 피터 팬 주변을 맴돌았다. 그러나 기억력이 좋지 않은 피터 팬은 당시의 사건을 잊고 타이거 릴리가 왜 자신에게 관심을 보이는지 이유를 몰랐다.

팅커벨은 이번에 타이거 릴리가 보낸 편지도 다른 때와 마찬가지로 호수에 버리려고 생각했지만, 앨리스가 떠올라 피터 팬에게 전달했다. 팅커벨은 '타이거 릴리라면 앨리스를 네버랜드에서 쫓아낼 수 있을 거야.' 라고 생각했다.

"얘들아 모여 봐. 타이거 릴리 편지다!"

피터 팬은 고무줄놀이에 여념이 없는 아이들을 불러 모았다. 피터 팬은 글을 읽을 줄 몰랐기 때문에 닙스가 편지를 받아 대신 읽었다. 편지의 내용은, 네버랜드에 놀이공원이 생겼다는 소문을 들었고, 내일 자신이 방문할 터이니 더 재미있는 놀이기구를 만들어 놓으면 고맙겠다는 이야기였다.

　타이거 릴리의 편지를 읽은 아이들은 크게 한숨을 쉬었다. 그동안 놀이기구를 만드느라 지쳤는데 또 놀이기구를 만들어야 한다니 앞이 캄캄했다. 며칠 동안이라도 쉬었으면 좋겠다고 생각했는데, 변덕쟁이에다 심술꾸러기인 타이거 릴리가 새로운 놀이기구를 만들어 달라고 하니 안 해 줄 수도 없는 노릇이었다. 그리고 그녀의 요구를 들어주지 않으면 그동안 인디언들과 맺었던 평화 협정이 깨어질 수도 있었다.

　하는 수 없이 앨리스와 뉴턴, 그리고 아이들이 함께 모여 머리를 싸매고 고민했다. 힘든 놀이기구를 만드는 대신에 타이거 릴리를 재미있게 해 줄 뭔가를 구상해야 했다. 많은 이야기가 오고 갔다. 그러나 아무도 묘안을 내지 못했다. 재미있는 일에 대해 너무 몰랐기 때문이었다. 뉴턴은 과학 연구에, 아이들은 싸우는 일에 그 누구보다 자신이 있었지만 재미있는 일에는 자신이 없었다. 결국 앨리스의 아이디어가 채택되었다. 앨리스는 놀이기구가 아니고 사람을 재미있게 할 수 있는 가장 좋은 것은 영화관이라는 생각을 냈다. 앨리스는 서울의 놀이공원에서 보았던 입체 영화의 신기한 감동을 떠올렸다. 그래서 영화관도 그냥 영화관이 아닌 입체 영화관을 만들자고 했다.

타이거 릴리를 위한 입체 영화관

입체 영화관을 만드는 일은 처음부터 어려움에 부딪혔다. 앨리스가 아무리 설명을 해줘도 뉴턴이 이해를 하지 못했다. 뉴턴은 영화를 한 번도 본 적이 없다며 도대체 영화가 무엇인지 묻기만 했다. 앨리스는 뛰어난 천재 과학자라고 해도 모르는 것이 있구나 생각했다.

앨리스는 뉴턴이 서울의 놀이공원에 있는 입체 영화관을 다녀오는 것이 나을 거라 판단하고, 피터 팬에게 입체 영화관이 있는 곳의 약도를 자세히 그려주었다. 피터 팬은 타이거 릴리 때문에 이렇게 야단법석을 떨어야 하는 이유를 모르겠다며 뉴턴을 안고는 씩씩거리며 하늘로 날아갔다.

아이들은 다시 고무줄놀이에 빠졌고, 잠시 후 피터 팬이 뉴턴을 안고 나타나 사뿐히 땅에 내렸다.

"뉴턴 박사님, 입체 영화관의 원리를 알아 오셨어요?"

"그럼 당연하지. 내가 누구냐? 인류 최고의 천재 과학자 뉴턴이 아니더냐? 입체 영화관 그거 단순한 원리야. 빛의 성질을 이용한 것이었어."

뉴턴은 자신 있게 대답하며, 그렇게 기발한 것을 누가 만들어냈는지 모르겠다며 새로운 발명품을 접해 기뻤다고 이야기했다.

앨리스는 뉴턴의 자신감이 단순한 자신감이 아니라는 것을 알았다. 학교에서 과학 선생님이 빛이 일곱 가지 무지개 색으로 되어 있다는 것을 처음으로 밝혀낸 과학자가 뉴턴이라고 말한 것이 생각났기 때문이다.

입체 영화관의 원리를 파악한 뉴턴은 빠르게 작업을 진행시켰다. 입체 영화관을 만드는 것은 놀이기구를 만드는 일보다 훨씬 쉬웠다. 무엇보다 안전사고가 날 위험이 없었기 때문에 시범 운행을 하는 시간이 필요 없었다. 그리고 무거운 물건을 들 일이 없어 아이들도 힘들어하지 않았다. 큰 나무 사이에 하얀색 천막을 걸고 그 앞 평지에 버섯 의자를 준비하는 것으로 아이들의 일은 끝났다.

그동안 뉴턴은 놀이기구 연구소에서 뭔가를 뚝딱거리며 만들었다. 앨리스는 그 옆에서 뉴턴이 하는 일을 도왔다. 뉴턴은 작업을 하는 동안 입체 영화의 원리를 계속 설명해 주었다. 앨리스는 그동안 원리를 모른 채 보았던 입체 영화의 원리를 차근차근 이해할 수 있었다.

뉴턴 박사의 과학 특강 **3** 입체 영화의 원리

다음 이야기는 뉴턴이 놀이공원의 입체 영화관에서 상영되는 영화를 볼 때, 마치 사람이나 동물이 튀어 나와 움직이는 듯한 입체감을 주는 이유를 과학적으로 설명한 내용이다.

🍎 **입체를 보는 시각** 한쪽 눈을 감고, 네모난 상자를 보면 입체적으로 보인다. 그러나 사실은 네모 상자가 입체적으로 보이는 것은 아니다. 단지, 그동안 우리가 경험해 왔던 일이 잠재의식에 남아 입체로 보이는 것일 뿐, 실제로 한쪽 눈으로는 입체 감각을 느낄 수 없다. 실제로 태어날 때부터 한쪽 눈을 실명한 사람들은

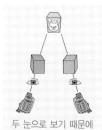

두 눈으로 보기 때문에 입체감을 느낄 수 있다.

입체감을 느끼기가 쉽지 않다고 한다.

사람이나 동물이 물체를 입체감 있게 볼 수 있는 것은 눈이 두 개이기 때문이다.

🍎 **입체 영화를 제작하는 원리** 우리가 일반 영화관에서 보는 보통의 영화는 한 대의 촬영기로 촬영을 한다. 따라서 오른쪽을 감고 왼쪽 눈으로만 보거나, 왼쪽 눈을 감고 오른쪽 눈으로만 보거나 상관없이 동일한 화면으로 보이며 거리 감각이 없다.

그러나 입체 영화는 스크린에 비친 영화 장면이 마치 두 개의 창을 통하여 보고 있는 것처럼 차이가 있고, 거리감이 생긴다. 오른쪽 눈을 감고 왼쪽 눈으로만 보는 장면과, 왼쪽 눈을 감고 오른쪽 눈으로만 보는 장면에 차이가 있다. 이것은 입체 영화를 촬영할 때, 두 대의 촬영기로 우리가 양쪽 눈으로 사물을 보는 것과 같이 좌우 동시 촬영을 하기 때문이다. 촬영한 두 종류의 필름은 좌우로 약간씩 차이를 보인다.

🍎 **입체 영화를 보는 원리** 그러면 좌우 따로 촬영된 필름을 어떻게 왼쪽 눈 따로, 오른쪽 눈 따로 볼 수 있을까? 여기에는 빛의 성질을 이용한 과학이 숨어 있다.

빛의 성질 중에는 편광이라는 성질이 있다. 빛은 사방으로 진동하면서 이동하는데, 특별히 편광 물질을 지나게 되면 한 방향으로만 진동을 한다. 따라서 영화의 영사기 앞에 편광판을 삽입하면 그 편광판의 편광 방향으로만 진동하는 빛만 영사 스크린에 비치게 된다. 이때 영사기의 편광판과 같은 방향의 편광 안경으로 보면 그 화면이 보이고, 다른 방향의 편광 안경으로 보면 보이지 않게 되는 것이다.

그림처럼 편광 안경의 왼쪽 눈은 수직 편광을, 오른쪽 눈은 수평 편광을 볼 수 있다. 따라서 좌우 두 눈은 각각 다른 영상을 보게 되고, 이것이 입체감을 발생시켜 마치 물체가 스크린 밖으로 나돌아 다니는 것처럼 보이는 것이다.

입체 영화관에서 나누어 주는 입체 안경은 바로 이런 원리를 이용한 편광 안경인 것이다.

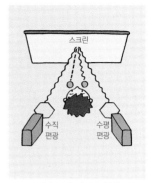

입체 영화 화면의 원리

🍎 **편광의 원리** 그림에서 보듯이 빛은 여러 방향으로 진동하는 파장으로 이루어져 있다. 이 중에서 특정한 방향으로 진동하는 파장만을 통과시켜서 얻은 빛을 편광이라고 한다.

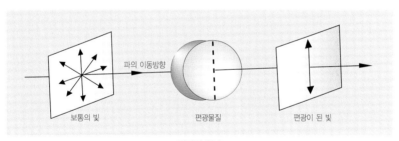

편광의 원리

일반적으로 운전할 때 쓰는 선글라스는 수직 방향의 빛만 통과시키는 일종의 편광 안경이다. 도로 표면이나 건물에서 반사되어 들어오는 빛이 주로 수평 방향으로 진동하는 파장이기 때문이다. 그러므로 운전용 선글라스를 끼면 수평 방향의 빛을 차단하여 눈부심을 막고 눈을 시원하게 해 준다.

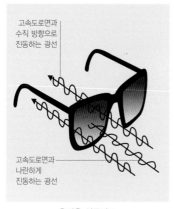

고속도로면과 수직 방향으로 진동하는 광선

고속도로면과 나란하게 진동하는 광선

운전용 선글라스

한때 컴퓨터 모니터 앞에 보안기라고 하는 투명한 판을 설치하고 사용한 적이 많았다. 이것도 편광을 이용한 것이다. 혹시 학교 컴퓨터실 같은 곳에서 보안기를 발견하면, 두 개의 보안기를 각도를 바꿔 가며 돌려보자. 그러면 수직일 때는 화면이 거의 보이지 않고, 수평일 때는 잘 보이는 것을 경험할 수 있을 것이다.

앨리스가 입체 영화의 원리를 이해하는 것은 어려운 일이 아니었다. 무엇보다 복잡한 공식이 들어있지 않아 좋았다. 다만 '편광'이라는 용어가 생소해서 그 뜻을 파악하는 데 시간이 좀 걸렸을 뿐이고 대신 빛의 새로운 성질을 알게 되어 큰 소득이 있었다. 앨리스는 뉴턴이 아인슈타인 못지않게 똑똑한 과학자라는 것을 새삼 깨달았다. 어쩌면 아인슈타인보다 더 가깝게 느껴지기도 했다. 아인슈타인의 과학은 생활과 거리가 있었던 반면, 뉴턴의 과학은 대부분이 생활 속에서 늘 경험하는 일 속에 있었기 때문이다.

그런데 문제가 발생했다. 입체 영화관은 만들었지만 상영할 필름이 없었다. 그렇다고 지금 영화를 찍을 수도 없었다. 그럴 능력이 있는 사람이 없었고, 시간도 부족했다. 결국 피터 팬이 한 번 더 서울을 다녀와

야 했다. 피터 팬은 팅커벨을 데리고 서울의 놀이공원에 가서 입체 영화 필름을 가져왔다. 피터 팬은 앨리스가 대신 써 준 '죄송합니다. 하루만 빌리겠습니다. 네버랜드의 피터 팬'이라는 메모를 입체 영화관 사무실에 두고 왔다. 앨리스는 메모를 본 사람들이 과연 그 말을 믿어줄까 궁금했다.

입체 영화관에서 벌어진 한바탕 소동

다음 날 해가 지고 깜깜해질 무렵 네버랜드의 입체 영화관은 문을 열었다. 입체 영화관은 '타이거 릴리'를 따라온 피쿠니네 족 전사들로 자리가 비좁았다. 맨 앞에는 피쿠니네 부족의 추장인 '위대한 리틀 팬더'와 '타이거 릴리'가 앉았고, 그 옆으로 피터 팬과 뉴턴, 그리고 앨리스가 차례로 앉았다. 그 뒤로 피쿠니네 족 전사들이 앉았고, 투틀즈와 닙스를 비롯한 남자 아이들은 입체 안경을 손님들에게 나누어 준 후 뒤쪽 의자에 앉았다.

  잠시 후 영화가 시작되었다. 영화의 배경은 바다 한가운데 떠 있는 무인도였다. 영화 속 사람들은 무인도에 도착하여 여기저기를 돌아 다녔는데, 그러다가 잘못하여 벌집을 건드리게 되었다. 이후 화면에는 침을 세운 벌들이 화면 가득히 날아다녔는데 그 중 한 마리가 클로즈업되어 화면에서 튀어나올 듯이 관객들을 향해 돌진했다. 타이거 릴리는 벌이 자신에게 공격해오는 줄로 착각하고 깜짝 놀라 두 팔을 휘둘러댔다.

"바보같이 놀라긴. 이건 입체 영화라고. 그러니까 눈앞에 보이는 벌들은 모두 가짜야. 그것도 모르고."

피터 팬은 놀란 가슴을 쓸어내리는 타이거 릴리를 위로하기보다는 핀잔을 주었다. 타이거 릴리는 피터 팬의 말이 서운했지만 난생 처음 보는 입체 영화의 재미에 다시금 빠져들었다.

잠시 후, 스크린에 해적들이 등장했다. 아름다운 무인도에 험상궂게 생긴 해적들이 쳐들어 온 것이다. 그때 한 해적이 타이거 릴리를 보고 씨익 웃었고, 이어서 머리에 붉은 두건을 두른 해적이 칼을 휘두르며 등장했다. 그러자 타이거 릴리가 허리춤에 찬 손도끼를 꺼내 휘두르기 시작했다. 전에 해적에게 크게 혼이 난 기억이 갑자기 떠올라 영화와 현실

을 혼동한 것이었다. 문제는 나머지 인디언들도 모두가 자신들의 무기를 꺼내들고 따라서 휘두르기 시작한 것이었다. 어떤 인디언은 창을 스크린을 향해 던지기도 했다.

입체 영화관은 순식간에 아수라장이 되었다. 입체 안경을 쓴 인디언들은 눈앞에 해적이 나타나자 전투 의식에 사로잡혀 분별력을 잃었다. 무기를 아무리 휘둘러도 해적들이 죽지 않자 약이 바짝 오른 인디언들은 아예 스크린으로 돌진했다.

아무도 그들의 행동을 막지 못했다. 앨리스가 타이거 릴리와 위대한 리틀 팬더의 입체 안경을 벗길 때까지 난장판은 계속되었다.

"야! 이 바보들아. 모두 입체 안경을 벗어. 어서!"

다행히 현실 감각을 되찾은 위대한 리틀 팬더가 큰 목소리로 인디언들에게 명령했다. 입체 안경을 벗은 인디언들은 자신들이 허깨비와 싸웠다는 것을 깨닫고, 서서히 진정하고 자리에 앉았다. 입체 영화는 계속 상영되었고, 영화가 끝나자 타이거 릴리와 위대한 리틀 팬더를 비롯한 인디언들은 세상에 태어나 이렇게 재미있는 경험은 처음이라며 뉴턴과 앨리스에게 큰 고마움을 표시했다. 그리고 입체 영화관의 첫 개봉은 네버랜드의 역사에 길이 남을 하나의 사건이라고 말했다. 뉴턴도 인디언 추장에게 앞으로도 재미있는 놀이기구를 많이 만들어서 보답하겠다고 인사했다.

롯데월드 범퍼카

범퍼카 경주 대회

범퍼카 경주 대회 ★ 작용과 반작용의 법칙

위대한 '피터 팬'

피터 팬은 인어의 호수에서 타이거 릴리를 구해 준 이후 피쿠니네 족 인디언들의 영웅이 되었다. 인디언들은 피터 팬을 '위대한 피터 팬'이라고 부르며 그 앞에서 굽실거렸다. 입체 영화가 성공적으로 끝나자 인디언들 사이에서는 피터 팬을 더욱 존경하는 분위기가 감돌았다. 입체 영화관 아이디어를 낸 것은 앨리스였고 그것을 만든 사람은 뉴턴이었지만, 인디언들은 앨리스나 뉴턴보다는 피터 팬에게 더욱 감사한 마음을 가졌고, 피터 팬을 더욱 따르게 되었다.

피터 팬은 우쭐한 마음이 들었다.

"나 피터 팬이 말한다."

입체 영화가 모두 끝나자 스크린 앞에 선 피터 팬이 거만한 투로 인디언들을 향해 말했다.

"이제부터 네버랜드의 놀이공원을 만드는 일에 피쿠니네 족 인디언들은 전심전력을 다해 협조해야 한다."

이 말을 들은 인디언들은 피터 팬의 말을 경청한 뒤 모두가 일제히 고개를 숙이며 한 목소리로 대답했다.

"네. 위대한 피터 팬 님."

앨리스는 이런 상황을 받아들이기 힘들었지만, 덕분에 힘센 일꾼들이 많이 생겼으니 나쁜 일은 아니라고 생각했다. 오히려 네버랜드의 놀이공원에 재미난 놀이기구를 더 만들 수 있다는 생각을 하니 잔뜩 기대가 되었다. 이것은 뉴턴도 마찬가지였다.

앨리스는 땅 밑 집에서 저녁식사를 하면서 설문지를 돌려 아이들에게 다음으로 만들 놀이기구에 대한 의견을 물었다. 설문 조사 결과, 자동차를 이용한 놀이기구가 있었으면 좋겠다는 답변이 가장 많았다. 대부분의 남자 아이들이 어릴 때부터 자동차라면 사족을 못 쓰는 것을 알고 있었지만, 네버랜드의 남자 아이들도 그렇다는 것을 알고 앨리스는 약간 놀랐다. 이 아이들은 아주 어릴 때를 제외하고 자동차를 타 본 경험이 없었을 테니 말이다. 앨리스는 '남자 아이들이 자동차를 좋아하는 것은 본능인가?' 라고 생각하며 결과를 뉴턴에게 알렸다.

브레이크 없는 전기 자동차, 범퍼카

용감한 투틀즈, 명랑한 닙스, 개구쟁이 컬리 등은 아침부터 신이 났다. 앨리스가 자신들이 좋아하는 자동차 놀이기구를 만든다고 귀띔해 주었기 때문이다. 그래서 아침부터 일찍 나와 일을 도울 준비를 하고 기다렸다. 조금 있으니 타이거 릴리가 피쿠니네 족 인디언들을 이끌고 나타났다.

범퍼카 경기장 건설은 일사천리로 이루어졌다. 경기장은 인디언들이 만들었고, 아이들은 나무를 잘라 범퍼카의 본체를 만들었다. 신이 난 아이들과 힘이 좋은 인디언들이 함께 일을 했기 때문에 일의 속도는 매우 빨랐다.

뉴턴은 아이들이 만든 범퍼카의 운전석에 오른쪽, 왼쪽으로 방향을 조종할 수 있는 핸들을 부착했고, 범퍼카의 속도를 올릴 수 있는 액셀러레이터 페달을 설치했다. 하지만 브레이크 페달은 설치하지 않았다. 브레이크 페달을 설치하지 않은 것은 앨리스의 제안을 따른 것이다. 범퍼카는 원래 부딪히며 느끼는 충돌을 재미로 하는 놀이기구였기 때문에, 실제로 놀이공원에 있는 범퍼카에는 브레이크 페달이 없었다. 브레이크 장치 대신에 뉴턴은 범퍼카 둘레에 두껍고 튼튼한 고무를 둘러 충돌의 충격을 흡수하도록 했다.

범퍼카가 다 만들어진 후, 뉴턴은 범퍼카를 움직일 수 있는 기계 장치를 서둘러 부착했다. 남자 아이들은 모두 뉴턴 곁에 서서 "빨리 만들었으면 좋겠네."하고 노래를 불렀다.

뉴턴은 범퍼카 뒤쪽에 가느다란 쇠막대를 세웠다. 이것은 전기 에너지로 움직이는 범퍼카에 전류를 공급하기 위한 것이었다. 그리고 범퍼카 경기장 천정에도 전류가 흐를 수 있도록 가느다란 철선으로 된 쇠 그물을 설치했다.

시범 운행을 위해 범퍼카 경기장 안으로 들어간 뉴턴은 파란색 범퍼카를 타고 이리저리 돌아다니며 성능을 검사했다. 그리고 초조하게 기다리는 아이들을 향해 말했다.

"자, 이제 테스트가 끝났으니까, 차례로 10명씩 들어와서 범퍼카를 타 보렴."

뉴턴의 말이 끝나기도 전에 남자 아이들이 뛰어 들었고, 인디언들 중에서도 어린 남자 아이들이 허둥지둥 합세를 했다.

범퍼카를 처음 타 본 아이들은 범퍼카를 운전하는 법을 몰라 우왕좌

왕하며 서로 부딪히기도 하고 다른 방향으로 가기도 했고, 어떤 때는 제자리에서 뱅뱅 돌기도 했다. 이 광경을 본 뉴턴이 전원 스위치를 내렸다. 아이들은 갑자기 멈춘 범퍼카 안에서 어리둥절했다.

"얘들아 이리로 와 보렴. 아무래도 범퍼카가 움직이는 원리와 운전 요령을 배운 뒤에 타는 것이 좋겠다."

뉴턴의 말이 떨어지기가 무섭게 아이들은 뉴턴 앞에 옹기종기 모여 앉았다. 아마 학교에서 공부하자고 하면 모두 도망갈 아이들이었지만, 지금은 놀이기구를 탈 욕심으로 갑자기 학구열에 불타기 시작한 것이다.

뉴턴은 자신이 만든 범퍼카의 원리를 설명하기 시작했다. 자신이 만든 재미있는 놀이기구에 대한 자부심에 가득 찬 뉴턴은 자기 자랑을 섞어가며 설명을 했다.

"얘들아, 범퍼카 뒤에 높이 솟은 막대기가 보이지? 그 끝의 가느다란 선이 천장에 닿아 있는 것도 보일 게다. 그 선을 통해 (−) 전기가 통하고 있어. 그리고 바닥의 철판에는 (+) 전기가 통하고 있지. 그러니까 바닥과 천장에 연결된 막대의 선이 직류 전원 장치 역할을

바닥엔 +전기,
천장에는 −전기가
흘러서 움직이게
되는 거지.

아~
그렇구나

하여, 범퍼카에 전기를 공급하고, 그 전기의 힘으로 범퍼카가 움직이는 거야. 그러니까 범퍼카는 브레이크가 없는 전기 자동차인 셈이지."

작용과 반작용의 법칙

뉴턴이 그 다음 설명을 이어가기 위해 숨을 고르는 동안 투틀즈가 손을 번쩍 들었다.

"뉴턴 박사님, 강의는 언제 끝나나요?"

"아직 다 끝나지 않았어. 아주 중요한 설명을 좀더 해야 해."

뉴턴의 대답에 아이들은 실망을 하였으나, 조금만 더 참고 설명을 들으면 범퍼카를 타게 해 주겠다는 뉴턴의 약속에 다시 버섯 의자에 앉아 설명을 들었다.

뉴턴이 설명하고자 하는 것은 모든 부딪히는 물체의 운동에서 일어나는 '작용과 반작용의 법칙'이었다. 나중에 앨리스는 이 법칙이 뉴턴이 발견한 아주 중요한 운동 법칙으로, 뉴턴의 이름을 따서 '뉴턴의 운동 제3법칙'이라 불림을 알게 되었다.

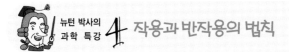

다음 이야기는 뉴턴이 아이들에게 설명한 '작용과 반작용의 법칙'이다.

🍎 **작용과 반작용의 법칙이란?** 어떤 물체가 힘을 작용할 때 어떤 일을 겪게 되는지를 알려주는 법칙이다. 다시 말해, 힘을 작용시킨다는 것의 의미와 힘의 본질에 대한 설명이라고 할 수 있다.

작용과 반작용의 법칙에 따르면, '어떤 물체가 다른 물체에 힘을 주면('작용'), 자신도 그 힘과 크기는 같고 방향은 반대인 힘을 그 물체로부터 받게 된다('반작용').

$$A \xrightarrow[\quad]{\mathbf{F}_{AB}} \qquad \xleftarrow[\quad]{\mathbf{F}_{BA}} B$$

$$m_A \qquad\qquad\qquad m_B$$

$$\mathbf{F}_{AB} = -\mathbf{F}_{BA}$$

🍎 **작용과 반작용의 법칙의 예** 작용과 반작용의 법칙은 우리 생활 속에서 너무나 흔히 볼 수 있는 현상으로, 다음과 같은 몇 가지 예를 들 수 있다.

사람이 벽을 밀 때 그림에서와 같이 어떤 사람이 할 일이 없어 벽을 밀고 있다고 할 때, 사람이 벽을 미는 힘을 작용, 벽이 사람을 미는 힘을 반작용이라 할 수 있다. 이때 느끼지는 못하지만 벽에 주어진 힘은 다시 땅에 작용을 하고, 땅은 이에 반작용을 한다.

인라인 스케이트를 탈 때 친구들과 함께 인라인 스케이트를 타고 놀 때, 가만히 서서 친구를 밀어 보자. 어떻게 될까? 친구가 뒤로 밀리는 만큼 나도 뒤로 밀린다. 물론 이때 친구와 나의 몸무게에 따라 밀리는 거리는 달라지는데, 몸무게가 가벼운 친구가 무거운 친구보다 멀리 간다.

농구장에서 농구공을 던질 때 농구장에서 '자유투'를 할 때, 즉 농구공을 위로 치켜들고 골대를 향해 던졌을 때, 우리는 몸이 뒤로 밀리는 느낌을 받는다. 이때 내가 농구공을 미는 것이 작용이라면, 농구공도 나를 뒤로 미는 것이 반작용이다. 농구공이 훨씬 멀리 이동하는 것은 농구공이 나보다 훨씬 가볍기 때문이다.

우주 왕복선의 발사 장면에서 '디스커버리 호'와 같은 우주 왕복선이 지구를 떠날 때, 엄청난 양의 폭발음을 내면서 제트 분사를 한다. 이때 우주 왕복선이 하는 제트 분사가 작용이라면, 그 반작용으로 우주선은 빠른 속도로 하늘로 날아가는 것이다. 이것도 작용과 반작용의 법칙이 적용되는 예이다.

우주왕복선 디스커버리 호 발사 장면

 뉴턴의 말에 따르면 작용과 반작용의 법칙이 적용되는 현상은 너무나 많았다. 물속에서 사람이나 오징어가 헤엄쳐 나가는 경우, 총을 쏘았을 때 어깨가 뒤로 밀리는 경우, 싸움을 할 때 상대방을 때린 내 주먹이 아픈 경우 등등이 그 예이다.

 뉴턴은 칠판에 그림을 그려가며 자세히 설명했고, 아이들은 열띤 토의를 하며 과학 공부에 성실히 참여했다.

 본격적으로 범퍼카를 타기 시작한 아이들은 이전보다는 훨씬 좋은 솜씨로 신나게 범퍼카를 탔다. 아이들은 범퍼카를 타다가 서로 부딪히면, "작용과 반작용의 법칙이야!"라고 서로 외치며 까르르 웃어댔다.

누가 더 충격을 받았을까?

아이들은 범퍼카를 타면서 작용과 반작용의 법칙에 대해 확실히 알게 되었다. 덩치가 큰 투틀즈와 덩치가 작은 닙스가 탄 범퍼카가 서로 부딪치자, 덩치가 작은 닙스의 범퍼카가 더 멀리 튕겨나갔다.

　이를 경험한 투틀즈와 닙스는 작용과 반작용의 법칙에 의해 서로 같은 힘을 받지만, 덩치가 큰 투틀즈는 질량이 크기 때문에 이동거리가 짧고 덩치가 작은 닙스는 질량이 작기 때문에 이동거리가 크다는 것을 알게 되었다. 하지만 왜 투틀즈가 받은 충격보다는 닙스가 받은 충격이 더 큰지 그 원인까지는 알 수 없었다. 물론 호기심이 많고 뉴턴의 조수이기를 자청한 닙스는 이 문제를 그냥 넘어가지 않았다.

　뉴턴은 이를 속도의 변화 차이로 설명할 수도 있다고 했다. 이동거리가 짧은 쪽은 속도 변화가 작고, 이동거리가 큰 쪽은 속도 변화가 크다는 설명이었다. 그래서 속도 변화가 큰 쪽은 운동량의 변화가 크고, 이것은 충격량과 관계가 깊다고 했다.

투틀즈와 닙스가 설명을 이해하지 못하자, 뉴턴은 다시 기차와 자동차가 서로 충돌했을 때의 예를 들어 설명했다.

"자 보거라. 기차가 받는 힘이나 자동차가 받는 힘은 작용과 반작용의 법칙에 의해 충돌했을 때 동일한 힘을 받는단다. 그러나 기차는 자동차보다 질량이 훨씬 크니까, 기차가 받는 충격에 비하면 자동차가 받는 충격은 엄청나겠지? 그래서 자동차 안의 승객들은 반드시 안전벨트를 매야 하지만, 기차 안에 탄 승객들은 안전벨트를 매지 않아도 되는 것이야."

네버랜드 범퍼카 경주 대회

"히히힛, 정말 재미있다. 자, 이번에도 꽝 부딪혀 봐?"

아이들과 인디언 꼬마들이 범퍼카로 박치기하는 데 재미를 붙여 시간가는 줄 모르고 놀고 있을 때, 인디언 추장 위대한 리틀 팬더가 부하들을 데리고 나타났다. 딸과 부족의 꼬마들이 어떻게 노는지 시찰하러 온 것이었다. 한참을 구경하던 위대한 리틀 팬더는 피터 팬에게, 피터 팬 친구들과 꼬마 인디언들이 실력을 겨뤄 볼 범퍼카 경주 대회를 여는 것이 어떻냐고 제안했다. 피터 팬은 흥미진진할 것 같다며 위대한 리틀 팬더의 제안을 흔쾌히 받아들였다.

다음날 아침, 앨리스가 밤새 만든 번호 달린 조끼를 입은 남자 아이들과, 온몸에 얼룩덜룩 페인트칠을 한 인디언 꼬마들이 범퍼카 경기장에 모습을 드러냈다.

경기는 두 가지 형태로 이루어졌다. '100m를 누가 더 빨리 달리나?'와 '10초 동안에 누가 더 멀리 가나?'였다. 먼저 '100m를 누가 더 빨리 달리나?' 대회의 참가자는 남자 아이들 쪽에서는 투틀즈와 닙스, 그리고 컬리가 출전했다. 인디언 꼬마들 쪽에서는, 푸른나무, 초록나무, 노란나무가 출전했다.

첫 번째 경기는 투틀즈와 푸른나무와의 경기였다. 범퍼카 경기장의 둘레가 50m였으므로 두 바퀴를 먼저 도는 사람이 승자가 되는 경기였는데, 코너를 도는 솜씨가 좀더 나은 투틀즈가 푸른나무를 가볍게 이겼다. 심판을 본 앨리스가 잰 투틀즈의 100m 기록은 20초였다.

두 번째 경기는 닙스와 초록나무의 경기였는데, 이번에는 초록나무가 이겼다. 초록나무는 25초 만에 두 바퀴를 다 돌았다. 세 번째 경주는 컬리와 노란나무와의 경주였는데, 노란나무가 24초라는 기록으로 컬리를 이겼다.

위대한 리틀 팬더는 부족의 꼬마들이 두 차례나 이기자 그 거대한 손으로 박수를 치며 만족스러워했다. 그러나 '100m를 누가 더 빨리 달리나?' 경주의 최종 우승자는 투틀즈였기 때문에 피터 팬의 친구들도 위신을 세울 수가 있었다.

두 번째 종목은 '10초 동안에 누가 더 멀리 가나?'였다. 이 종목의 선수로 남자 아이들 쪽에서는 쌍둥이 형제와 슬라이틀리가 나왔고, 인디언 쪽에서는 파란강, 초록강, 노란강이 나왔다. 차례로 범퍼카를 몰고 10초 동안에 최대의 속도로 달렸다. 심판인 앨리스가 분홍 캐릭터 시계로 10초를 재었고, 체셔 고양이가 자로 이동한 거리를 측정했다. 쌍둥이 형이 45m, 쌍둥이 동생이 48m, 슬라이틀리가 51m였고, 파란강은 39m, 초록강은 54m, 노란강은 46m였다. 초록강이 가장 먼 거리를 달린 것으로 판정이 나자 인디언 부족은 초록강을 높이 헹가래 치며 기뻐했다.

피터 팬은 남자 아이들이 져서 자존심이 상한 데다 인디언 부족이 기뻐하는 모습을 보자 얄미운 마음이 들어서, "투틀즈와 초록강 중에 누가 더 빠른지를 따져 보자."고 했다. 그러자 피터 팬의 뜬금없는 자존심 싸움에 타이거 릴리가 나서서 "좋다."고 응수했다. 그러나 심판인 앨리스는 판정을 할 수가 없었다. 종목이 달랐기 때문에 무엇을 어떻게 비교해야 할지 몰랐다. 투틀즈는 '100m를 누가 더 빨리 달리나?'에서 우승을 했고, 초록강은 '10초 동안에 누가 더 멀리 가나?'에서 우승했기 때문에 비교하기가 어려웠다. 앨리스는 고민에 빠졌다. 이때 뉴턴이 앨리스 앞으로 나와 점수를 적은 칠판을 '탁탁' 두드리며 이야기를 했다.

"자, 모두들 주목하세요. 제가 이 문제를 해결할 실마리를 주겠습니다. 잘 들어 보세요. 사람이나 물체의 빠르기를 과학적으로 알아보는 데는 두 가지 방법이 있어요. 첫 번째 방법은 일정한 거리를 가는 동안 걸린 시간을 측정하는 것으로, '100m를 누가 더 빨리 달리나?'가 여기에 해당해요. 두 번째는 일정한 시간 동안 얼마만큼의 거리를 갈 수 있

는가를 관찰하는 것인데, '10초 동안에 누가 더 멀리 가나?'가 여기에 해당하지요. 그런데 과학에서는 이 두 가지를 모두 하나의 결과로 표현합니다. 그것이 바로 속도지요. 속도는 '이동한 거리를 시간으로 나눈 값'인데, 식으로 나타내면 다음과 같아요."

뉴턴은 칠판에 속도를 구하는 식을 썼다.

뉴턴 박사의
과학 특강 5 속도 구하기

다음 이야기는 피터 팬의 친구들과 인디언 소년들이 벌인 범퍼카 대회에서 누가 더 빠르게 달렸는가를 알려고 할 때 필요한 속도 계산법이다.

$$속도 = \frac{이동\ 거리}{걸린\ 시간}$$

이 식으로 투틀즈와 초록강의 빠르기, 즉 속도를 구할 수 있다.

투틀즈는 100m를 20초에 달렸으므로 다음과 같이 5m/초라는 속도가 나온다.

$$속도 = \frac{이동\ 거리}{걸린\ 시간} = \frac{100m}{20s} = 5m/s$$

초록강은 10초에 54m를 갔으므로 속도는 5.4m/초이다.

$$속도 = \frac{이동\ 거리}{걸린\ 시간} = \frac{54m}{10s} = 5.4m/s$$

결론적으로 초록강의 속도가 투틀즈보다 0.4m/초가 더 빠르다. 1초에 0.4m를 초록강이 더 간다는 뜻이다. 10초면 4m, 100초면 40m가 되는 거리를 더 가는 것이다.

이처럼 과학을 수학적인 식으로 나타내면 상황이 달라도 정확하게 비교할 수 있다.

뉴턴의 설명과 판정이 끝나자 인디언 사이에서는 환호성이 터져 나왔다. 가장 기뻐한 사람은 추장인 위대한 리틀 팬더였다. 피터 팬과 아이들은 시무룩해졌다. 이를 본 위대한 리틀 팬더는 오늘의 기쁨을 함께 나누고 싶다며, 여기 모인 모든 사람들을 인디언 마을로 초대하여 큰 잔치를 열겠다고 발표했다. '잔치'라는 말이 나오자, 시무룩했던 아이들도 금방 기분을 풀며 좋아했다.

앨리스와 피터 팬, 그리고 뉴턴과 아이들은 모두 인디언 마을로 향했다. 앨리스는 뉴턴과 함께 걸으며 여러 가지 궁금한 것들을 물었다.

"뉴턴 박사님, 사람들은 속도라는 말도 쓰고, 속력이라는 말도 쓰는데 전 그 차이점을 잘 모르겠어요."

"속도와 속력은 비슷하게 사용되지만 아주 다른 것이야. 속력은 이동한 거리를 걸린 시간으로 나눈 값이지. 그런데 속도는 거기에 방향의 개념을 포함시킨 것이란다."

"무슨 말인지 잘 모르겠어요."

앨리스는 이해가 되지 않는다는 듯 머리를 긁적였다.

"쉽게 말하자면, 대전에서 출발한 두 대의 자동차가 각각 서울과 부산까지 갈 때 100km/h의 빠르기로 갔다고 하자. 이때 두 자동차의 속력은 같아. 그러나 속도는 달라. 왜냐하면 속도는 방향을 포함한다고 했기 때문이야. 그래서 서울로 가는 자동차의 속도가 100km/h라면, 부산으로 가는 자동차의 속도는 −100km/h라고 할 수 있어. 방향이 서로 반대이기 때문이지. 그러니까 방향이 포함된 속력을 속도라고 생각하면 될 거야. 알겠지?"

"속력에 방향을 포함시키면 속도라…. 뭐 어렵지 않네요. 네, 알겠습니다."

앨리스는 뉴턴을 향해 고개를 크게 끄떡였다. 뉴턴은 "한 가지 더." 라고 하며 다른 질문을 던졌다.

"앨리스, 그러면 속도를 나타내는 거리인 m와 시간의 초의 기준은 무엇인지 알아?"

"글쎄요. 그것은 한 번도 생각해보지 않았는데요."

"1m는 말이야, 지구 북극에서 적도까지의 거리를 1,000만 (10,000,000)으로 나눈 값이야. 또 1초는 하루의 길이를 24로 나눈 값을 다시 3,600으로 나눈 값이지."

"와~ 정말요? 새로운 사실을 알았어요. 고맙습니다, 뉴턴 박사님."

앨리스는 다정한 할아버지 같은 뉴턴의 팔에 팔짱을 끼고 인디언 마을로 씩씩하게 걸어갔다.

- -

새로운 m과 초에 대한 정의

1905년 아인슈타인은 빛의 속도가 어디서나 일정하다는 사실을 알았다. 이를 계기로 m에 대한 정의가 바뀌었다. 빛이 진공에서 1초에 2억 9979만 2458m를 진행한다는 사실로부터 1m를 '빛이 1/299,792,458초 동안에 이동한 거리'로 정의하게 된 것이다. 또한 1초는 원자시계로 다시 정의했는데, 세슘(Cs)이라는 물질의 원자에서 나오는 전자기파의 진동을 이용하여, 세슘 원자가 '91억 9263만 1770번 진동하는 시간을 1초'라고 정의하게 되었다.

뉴턴 시대의 'm'과 '초'에 대한 정의는 아인슈타인 이후로 사용되지 않는다.

- -

롯데월드 후룸라이드

인어 호수의

후룸라이드

인어 호수의 후룸라이드 ★ 마찰력과 부력

인어 소녀와 친구가 된 앨리스

앨리스는 네버랜드의 생활에 잘 적응했다. 네버랜
드에서는 엄마의 공부하라는 잔소리도 없었고, 잘난 척하는 언니 때문
에 속상하는 일도 없었다. 대신 소년들의 누나이며, 엄마로 소년들을 돌
보는 일과 뉴턴의 조수로 네버랜드 놀이공원을 건설하는 일로 늘 바빴
다. 또 인디언 공주 타이거 릴리와의 정다운 대화는 앨리스를 한결 성숙
한 소녀로 성장시켰다.

여름이 되어 네버랜드의 기온이 점점 올라갈 무렵, 소년들은 더위를
식히기 위해 인어의 호수를 찾는 날이 많아졌다. 아이들은 물놀이를 하

거나 작살로 물고기를 잡으며 시간을 보냈다. 네버랜드에서는 누구도 재미있게 노는 일을 방해하지 않았기 때문에 스스로 제 풀에 지칠 때까지 놀고 또 놀았다.

앨리스도 물놀이를 즐겼는데, 남자 아이들과는 다르게 그동안 수영장에서 익힌 솜씨로 능숙하게 헤엄을 쳤다. 그리고 인어들이 모여 있는 '귀양살이 바위'에 앉아 인어들이 부르는 노랫소리를 듣는 일은 앨리스의 큰 즐거움이었다. 앨리스는 인어들과 친구가 되었다. 인어들은 앨리스를 보면 일부러 꼬리지느러미로 물을 튀기거나, 다이빙을 해서 물속으로 들어가 앨리스의 발을 잡아당기는 등 장난을 걸었다. 그럴 때면 앨리스도 함께 물장구를 치며 놀았고, 이야기를 나눌 때 인어들은 앨리스가 편히 앉을 수 있도록 자신들의 꼬리지느러미를 내어 주기도 했다.

앨리스는 인어 소녀들 중에서 자기와 나이가 같은 친구를 하나 사귀었는데, 앨리스가 자신이 쓰던 머리빗을 선물로 준 것이 계기가 되었다. 인어 소녀의 이름은 '우비'였다.

비가 온 후 햇빛이 화창하게 비치는 날이었다. 인어들은 이런 날을 가장 좋아했다. 아름다운 무지개를 볼 수 있는 날이기 때문이다. 앨리스는 이 날도 인어 소녀 우비와 함께 서로에게 물방울을 던지고 놀고 있었다. 물방울이 공중에 날아 퍼지면 무지개가 잠시 생겼다가 사라졌는데, 그럴 때면 두 소녀는 깔깔 웃어대며 기뻐했다. 그러나 이 모습을 본 소년들이 우르르 몰려오자 우비는 금방 물속으로 사라져 버렸다. 앨리스는 인어 소녀들과 피터 팬의 소년들이 함께 친해지면 얼마나 좋을까 하고 생각했다. 그러면서 인어 소녀들이 좋아할 수 있는 놀이기구를 만들면 어떨까라는 생각이 들었다. 놀이기구를 통해 소년들과 인어 소녀들이 친할 수 있는 계기를 만들 수 있으리라는 믿음이 생겼다.

후룸라이드의 설치, 그리고 운행 실패

앨리스가 놀이기구 연구소에 갔을 때, 뉴턴은 책상에 고개를 파묻은 채 뭔가를 열심히 쓰고 있었다. 뉴턴의 식사를 돕기 위해 타이거 릴리가 보낸 인디언 소녀는 그 옆에서 다 식어빠진 감자와 계란을 들고 난처한 표정으로 서 있었다.

"앨리스 아가씨, 뉴턴 박사님이 아직 식사를 하지 않으셨어요."

인디언 소녀는 크고 동그란 검은 눈을 난처한 듯 찡그리며 말했다.

"그래? 그러면 그것을 옆에 두고 나가서 놀다 오렴."

앨리스는 감자와 계란을 받아 책상 위에 두면서 말했다. 뉴턴은 한번 어떤 일에 빠지면 다른 일에는 아무런 관심도 보이지 않았고, 심지어 며칠 동안 식사도 안 하기 일쑤였다. 자신이 배가 고픈지, 식사를 했는지도 잊은 채 오직 연구에만 열중했기 때문이다. 뉴턴이 열심히 쓰고 있는 것은 '놀이기구 속에 숨은 물리학 이야기'였다.

앨리스는 몇 번 큰 소리로 뉴턴을 불렀다. 그때서야 뉴턴은 고개를 들고 앨리스와 눈을 맞추었다.

"앨리스, 언제 왔니?"

"뉴턴 박사님이 좋아하시는 계란이에요. 좀 드시고 하세요."

앨리스는 계란을 소금에 찍어 뉴턴에게 건넸다.

"아니야. 조금 전에 먹었는걸."

뉴턴은 마치 금방 계란을 먹었다는 표정으로 말했다.

"아니에요. 어제 아침에 계란을 드시고는 지금까지 아무것도 드시지 않았어요."

앨리스는 시간이 어떻게 가는 줄도 모르고 연구만 하는 뉴턴이 한편으로는 존경스럽기도 했지만 '저렇게 연구만 하니, 무슨 재미로 사나?'라는 안타까운 마음이 들기도 했다.

"그래? 그런데 무슨 일로 오셨나?"

뉴턴은 계란을 한 입 베어 물고 물었다.

"새로운 놀이기구를 만들었으면 해서요. 인어의 호수에 후룸라이드를 만들었으면 해요. 그러면 인어 소녀들과 우리 소년들이 서로 친구가 될 수 있을 것 같아요."

"그래? 좋아. 며칠 동안 글만 썼더니 몸이 근질근질하던 차에 잘됐네. 그러면 같이 설계도를 만들어볼까?"

앨리스가 후룸라이드에 대해 설명하는 대로 뉴턴은 종이에 후룸라이드 놀이기구의 모양을 그림으로 나타냈다. 뉴턴은 그 그림을 뚫어지게 보면서 '이것을 어떻게 움직일까? 어떻게 하면 더 신나는 놀이기구가 될까?' 하며 깊은 고민에 빠졌다.

후룸라이드 설계도를 완성하는 데는 꼬박 하루가 걸렸다. 다음날 앨리스는 체셔 고양이를 인디언 마을로 보내 일꾼들을 불러 모았다. 후룸라이드는 인어의 호수 주변에 설치하기로 하고, 필요한 재료들을 여기저기서 가져왔다. 소년들은 후룸라이드가 더운 여름에 딱 좋은 놀이기구가 될 거라는 앨리스의 말에 마음이 들떠서 벌써부터 수영복 차림으로 일을 도왔다.

후룸라이드는 인어의 호수 주변 지형을 충분히 이용하여 설계되었다. 인어의 호수 서쪽에 있는 폭포가 출발 장소가 되었다. 폭포의 높이는 약 100m 정도 되었는데, 폭포 옆 큰 바위에 튼튼한 기둥 두 개를 설치하고 물이 잘 흐를 수 있는 수로를 만들었다. 수로에는 재미를 충분히 느낄 수 있게 적당한 굴곡을 주었다. 수로의 끝은 인어의 호수로 이어졌다.

뉴턴의 지휘 아래 소년들과 인디언들이 수로를 만들고 있는 동안에, 앨리스는 피터 팬과 함께 네버랜드를 다니며 후룸라이드에 사용할 수 있는 적당한 크기의 배를 찾아 나섰다. 처음에 앨리스는 큰 통나무를 찾아 통나무 속을 파고 배를 만들 생각이었다. 그러나 네버랜드에는 해적들이 사용하다가 버린 배들이 많다는 피터 팬의 말을 듣고 해적이 살던 곳으로 갔다. 해적들이 있던 곳은 네버랜드의 일부가 아닌 듯했다. 분위기는 음산했고, 주변은 지저분했다. 조금이라도 오래 있고 싶은 생각이 들지 않았다. 다행히도 피터 팬이 후룸라이드에 적당한 배를 빨리 발견했다. 앨리스와 피터 팬은 노를 저어 인어의 호수로 갔다.

인어의 호수에 도착하니 이미 후룸라이드의 수로가 모두 완성되어 있었다. 소년들은 배가 언제 오나 목을 빼고 기다리고 있었다. 인어의 호수에 사는 인어들은 '이번에는 피터 팬이 무슨 일을 벌이나' 하는 표정으로 잔뜩 기대를 하며 놀이기구 공사 현장 쪽을 지켜보고 있었다. 소년들과 인어들은 나쁜 사이도 아니었지만 친한 사이도 아니어서 인어들은 더 이상 가까이 오지 않았다. 앨리스는 '후룸라이드가 잘 움직여 주어야 할 텐데. 그래야 인어들과 더욱 가깝게 지낼 텐데.'라고 생각하며 공사 마무리를 앞둔 후룸라이드 쪽을 바라보았다.

드디어 후룸라이드 수로 꼭대기에 배가 준비되었다. 수로에는 배가 지나갈 수 있도록 충분한 양의 물이 흘렀다. 뉴턴은 이 정도면 성공하겠다는 자신감을 보이며 출발 신호를 보냈다.

출발은 순조로웠다. 배는 수로 사이를 요리조리 지나가면서 잘 내려

갔다. 후룸라이드를 탄 여섯 명의 소년들은 두 손을 번쩍 들고 큰 소리를 지르며 즐거워했다. 후룸라이드는 소년들에게 시원한 물바람을 안겨주었고, 특히 맨 앞에 앉은 닙스와 투틀즈는 물보라를 흠뻑 맞으며 더욱 신이 났다.

가장 아찔 순간은 높은 곳에서 갑자기 낮은 곳으로 떨어질 때였다. 아이들은 잠시나마 자이로드롭을 탈 때와 같은 무중력 상태(정확한 표현은 '무게가 없는 상태')를 체험했다. 그런데 그 다음이 문제였다. 경사가 없이 편평한 위치가 이어지는 곳으로 배가 왔을 때, 고여 있는 물에 배가 부딪히면서 갑자기 속도가 줄어들었고, 배는 더 이상 앞으로 가지 않고 그대로 멈췄다. 배를 탄 소년들은 중간 위치에서 손을 흔들며 어떻게

해야 하는지를 물었다. 성공을 자신하며 시험 운행을 지켜보던 뉴턴은 일단 아이들을 호수로 불러 내린 후 배를 천천히 끌고 내려와 그 원인을 조사했다.

마찰력 때문에 생긴 흔적

배를 가운데 두고 뉴턴과 앨리스, 그리고 소년들 사이에는 열띤 토론이 벌어졌다. 먼저 급경사 후에 편평한 위치에서 배가 멈춰선 이유를 따져 보았다.

첫 번째 이유는 배에 있었다. 배의 밑바닥이 심하게 긁혀 있었는데, 배가 후룸라이드의 수로를 따라 내려오면서 밑바닥을 긁고 내려왔다. 두 번째 이유는 물의 양이었다. 배가 편평한 곳에 왔을 때, 그곳의 물의 양이 배를 물 위에 뜨게 할 만큼 충분하지 못했다.

뉴턴은 첫 번째 문제점의 원인을 마찰력에서 찾았고, 두 번째 문제점의 원인을 부력에서 찾았다. 놀이기구 정비에 앞서 '마찰력'과 '부력'을 이해시키기 위한 뉴턴의 물리학 강의가 호숫가에서 시작되었다.

뉴턴은 먼저 마찰력에 대해 강의를 했다. 뉴턴은 표면의 거칠기가 다른 두 개의 돌멩이를 탁자 위에 두고, 먼저 겉이 매끄러운 돌멩이를 살짝 밀어 움직인 뒤 같은 힘으로 겉이 거친 돌멩이를 밀었다. 겉이 거친 돌멩이는 꿈쩍도 하지 않았다.

"얘들아, 같은 힘을 주었을 때 겉이 매끄러운 돌멩이는 쉽게 움직였는데, 겉이 거친 돌멩이는 잘 움직이지 않은 까닭은 무엇일까?"

뉴턴의 질문에 개구쟁이 컬리가 그럴 듯한 이유를 댔다.

"그건 돌멩이 표면의 거칠기가 다르기 때문이에요."

"맞았어. 우리가 신을 신고 길을 걸을 때에는 불편함을 느끼지 못하지만, 얼음판 위에서 스케이트를 신고 걸으면 힘이 들지? 그리고 미끄러질 때는 그냥 길보다는 얼음판 위가 훨씬 멀리 가지? 이와 같이 면에 따라 잘 미끄러지기도 하고 잘 미끄러지지 않기도 한단다. 잘 미끄러지지 않는 것은 물체와 표면 사이에 물체의 운동을 방해하는 힘이 작용하기 때문인데, 이 힘을 마찰력이라고 해."

뉴턴은 '마찰력' 이라는 단어를 칠판에 쓴 후 설명을 계속했다.

"컬리의 말대로 모든 물체는 자세히 보면 울퉁불퉁한 부분이 있는데, 그 부분이 서로 맞물리면서 잘 움직이지 않는 거야. 마찰력은 이러한 면 때문에 생기는 거란다. 좀더 알아볼까?"

다음은 뉴턴이 마찰력을 설명한 내용이다.

🍎 **마찰력의 방향** 마찰력은 서로 미끄러지지 않도록 접촉면에 나란한 방향으로 작용한다. 그림에서 마찰력은 사람이 밀어주는 힘의 반대 방향으로 작용한다.

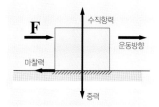

마찰력의 방향

🍎 **마찰력의 크기** 마찰력은 두 물체가 상호 작용하는 힘으로, 표면의 거친 정도에 따라 크기가 달라지며 면적과는 관계가 없다. 무거운 물체를 끌어당기는 데 힘이 많이 드는 것은 물체가 무거울수록 마찰력이 크기 때문이다.

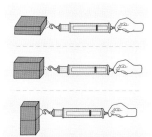

마찰력은 무게가 같으면 접촉하는 면적과는 상관없이 같은 크기를 가진다.

🍎 **마찰력의 종류** 마찰력에는 정지 마찰력, 최대 정지 마찰력, 운동 마찰력이 있다. **정지 마찰력** 어떤 물체를 밀었을 때, 물체가 움직이지 않고 있을 때 갖는 마찰력이다. 이때 작용하는 마찰력은 외부에서 주는 힘의 크기와 같고, 방향은 반대이다.

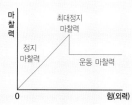

마찰력의 종류

최대 정지 마찰력 어떤 물체를 밀었을 때, 물체가 막 움직이려고 하기 직전에 가지고 있는 마찰력이다. 마찰력 중에서 가장 큰 값을 가진다.

운동 마찰력 어떤 물체를 밀었을 때, 물체가 움직이며 작용하는 마찰력이다.

뉴턴은 마찰력에 대한 설명을 끝낸 후에, 칠판에 다음과 같은 식을 썼다.

$$F = \mu \cdot N$$

(F 마찰력, μ 마찰 계수, N 수직 항력)

"애들아, 후룸라이드의 배에 작용하는 마찰력의 크기를 계산해볼까?"

뉴턴의 말이 떨어지기가 무섭게 아이들은 하나같이 두 손을 내저으며 고개를 절레절레했다.

"아니에요. 설명으로 충분했어요. 공식은 이제 그만!"

아르키메데스의 부력

배의 밑바닥에 생긴 긁힌 자국의 원인을 밝힌 후, 이번에는 편평한 곳에서 배가 물 위로 뜨지 못한 이유를 가지고 토론을 벌였다. 아이들의 토론을 한참 지켜보던 뉴턴은 힌트가 될 만한 옛날이야기를 들려주겠다며 아이들 앞에 나섰다.

"옛날, 이탈리아의 시라쿠사에 아르키메데스라는 뛰어난 과학자가 살고 있었단다. 그런데 어느 날 세공업자가 만든 왕의 왕관이 순금이 아니라 은이 섞였다는 소문이 떠돌아, 왕은 평소 친하게 지내던 아르키메데스에게 자신의 왕관이 순금인지 아닌지를 판별해 달라고 했지. 아르키메데스는 고민에 빠졌어. 금이 은보다 무겁다는 사실은 알고 있었지만, 금에 은이 섞여 있는지 알아낼 수 있는 방법을 몰랐거든. 아르키메데스는 밥 먹고 잠자는 것도 잊은 채 몇 날 며칠을 연구실에 틀어박혀 왕관만 바라보고 있었단다. 그러던 어느 날, 머리를 식히려고 목욕탕에 가서 욕조에 몸을 담그고 명상에 잠기는데, 그 순간 해답을 얻게 되었지. 그는 너무나 기쁜 나머지 벌거벗은 채로 목욕탕 문을 나서서 그리스 어로 발견했다는 뜻인 '유레카'를 크게 외치면서 집까지 뛰어갔다고 해."

뉴턴이 여기까지 말을 하고 멈추자, 이야기가 궁금해진 슬라이틀리

가 손을 들어 물었다.

"그래서요? 어떻게 되었어요?"

하지만 투틀즈는 뉴턴의 말에 오히려 투덜댔다.

"그런데 그 이야기가 지금 우리 일과 무슨 상관이에요?"

"잘 생각해 봐. 여기에 우리 고민의 해답이 있거든."

뉴턴은 알 듯 모를 듯한 대답을 하고는 빙그레 미소를 지었다.

"아무리 생각해 봐도 모르겠어요."

아이들 모두가 한 목소리로 말했다. 그러자 뉴턴은 다시 이야기를 이어 갔다.

"내 이야기를 좀더 들어 봐. 아르키메데스가 목욕탕에서 깨달은 사실은 목욕탕에서 욕조에 가득 찬 물속에 들어갔을 때, 욕조에 담긴 몸의 부피만큼 물이 밖으로 넘친다는 사실이었어. 집에 온 아르키메데스는 먼저 순금으로 시라쿠사 왕이 확인해 보라고 준 왕관과 크기와 모양이 똑같은 왕관을 하나 더 만들었단다. 그리고 두 왕관을 똑같은 양의 물을 담은 똑같은 크기의 그릇에 담갔지. 그릇에서 흘러나온 물의 양을 각각 측정했어. 어떻게 되었을까? 순금으로 만든 왕관보다는 세공업자가 만든 왕관을 넣은 그릇에서 더 많은 양의 물이 흘렀단다. 왜냐하면 두 왕관은 무게는 같았지만 세공업자가 만든 왕관에는 순금 대신에 은이 더 많이 섞였기 때문에 부피가 더 컸던 거야. 은은 같은 무게일 때 순금보다는 부피가 크기 때문이지."

"아, 아르키메데스는 정말 똑똑했군요. 그러면 세공업자는 어떻게 되었나요?"

닙스가 물었다.

"세공업자는 물론 처벌을 받았지."

뉴턴이 대답했다.

"그런데 아직 배가 물에 뜨지 않는 이유에 대해서 잘 모르잖아요."

투틀즈는 여전히 투덜댔다.

"그래, 좀더 설명을 들어보렴. 아르키메데스는 왕관의 진위를 밝히는 과정에서 액체 중에 있는 물체는 그 물체가 밀어낸 액체의 무게만큼 가벼워진다는 사실도 함께 알아낸 거야. 즉 물과 같은 액체에 들어 있는 물체는 부력을 받는다는 거지."

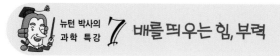

뉴턴 박사의 과학 특강 **7 배를 띄우는 힘, 부력**

이것은 뉴턴이 부력에 대해 아이들의 이해를 돕기 위해 설명한 내용이다. 뉴턴은 그림을 그린 후에 다음과 같이 설명했다.

🍎 **압력의 차이로 생기는 부력** 부력은 공기와 같은 기체에도 작용한다. 열기구가 하늘에 뜰 수 있는 것도 부력이 없으면 불가능하다.

그림처럼 물체가 액체 속에 들어가면 액체로부터 압력을 받게 되는데, 이때 받은 압력은 깊이에 비례하여 커진다. 물체의 위쪽과 아래쪽에서 받는 압력의 차이에 의해서 생기는 것이 부력이며, 부력은 아래쪽에서 위쪽으로 작용하기 때문에 물체의 무게가 가벼워진다.

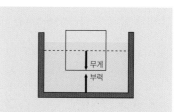

물에 뜬 물체는 잠긴 부분의 부피와 같은 물을 밀어내고 밀려난 물의 무게와 같은 부력을 받는다.

🍎 **부력의 크기** 부력의 크기는 액체에 잠긴 물체의 부피에 해당하는 액체의 무게와 같다. 물체가 물 위에 떠 있을 때 물체는 지구의 중력에 의해서 아래로 힘(무게)을 받고, 물의 부력은 위로 작용한다. 이때 두 힘이 같으면 물체는 물 위에 떠 있게 된다.

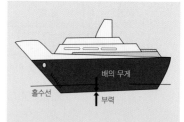

배의 무게는 부력과 같고 부력은 배의 밀어낸 물 무게와 같으므로 배가 잠긴 부피를 알면 배의 무게를 알 수 있다.

"그러면 후룸라이드의 편평한 곳에서 배가 물 위에 뜨려면 물의 양이 얼마나 있어야 하는지 알 수 있겠지? 배의 무게와 물의 부력이 같아야 배가 물 위에 뜰 수 있는데, 이때 부력은 물에 잠긴 물체의 부피에 해당하는 물의 무게와 같단다. 그러니까 편평한 곳에는 최소한 배의 무게에 해당하는 물의 양이 있어야 하는 거지."

뉴턴은 이렇게 말하면서 배의 무게를 측정하려고 배 가까이로 다가갔다. 그때 옆에서 설명만 듣고 있던 앨리스가 말했다.

"뉴턴 박사님! 배의 무게를 측정하는 일은 별로 의미가 없을 것 같은데요. 왜냐하면 배의 무게를 재어서 후룸라이드의 편평한 곳에 물을 충분히 넣어 배를 뜨게 한다고 해도 문제가 있거든요. 후룸라이드는 계속 빠른 속도로 달려야 재미가 있는데, 배를 물에 뜨게 하는 것은 그 일과는 관계가 없잖아요. 중요한 것은 배를 후룸라이드 수로에서 빨리 움직이게 하는 문젠 것 같아요."

"맞아요. 앨리스 말이 맞아요."

앨리스의 말이 끝나자마자 소년들은 모두들 고개를 끄덕이며 앨리스의 말에 동의했다.

앨리스의 말을 들은 뉴턴은 다시 고민에 빠졌다. 그리고 한참 후에 대답했다.

"그러면 배에 바퀴를 달면 되지."

뉴턴은 역시 똑똑했다. 그때서야 앨리스는 서울의 놀이공원에서 후룸라이드 밑에 바퀴가 있는 것을 떠올렸다.

배에 바퀴를 다는 일은 어려운 일이 아니었다. 바퀴를 단 배는 신나게 수로를 따라 밑으로 달렸다. 몇 번 후룸라이드를 타던 아이들은 새로운 문제점을 발견했다. 아이들은 후룸라이드를 탈 때마다 매번 인어의 호수까지 타고 내려온 배를 이고 폭포 위로 올라가야 했다. 뉴턴과 아이들은 배 뒤에 긴 끈을 달았고, 도르래를 이용하여 배를 폭포 위로 올리는 방법을 생각해내어 문제를 해결했다. 후룸라이드 놀이기구도 몇 번의 실패를 겪은 후에 성공적으로 네버랜드의 놀이기구로 자리 잡을 수 있었다.

후룸라이드의 등장을 가장 반긴 이들은 우비를 비롯한 인어 소녀들이었다. 인어 소녀들은 소년들을 피해 저희들끼리 따로 타다가 나중에는 후룸라이드에서 내린 남자 아이들에게 꼬리로 물을 튀기며 장난을 걸었다. 해가 뉘엿뉘엿 지는 저녁이 되자 인어 소녀들은 소년들에게 두 손을 흔들며 다음 날 후룸라이드 승강장에서 만나자며 명랑하게 인사를 하고 돌아갔다.

따분했던 네버랜드는 앨리스와 뉴턴 덕분에 재미있고 즐거운 곳으로 바뀌었다. 하지만 네버랜드 한쪽 구석에서는 이들의 평화로운 행복을 호시탐탐 노리는 무리들이 힘을 키우고 있었다.

롯데월드 스페인 해적선

후크 선장의 바이킹

후크 선장의 바이킹 ★ 진자의 운동과 가속도 운동

다시 나타난 후크의 부하들

해적들의 공격은 완전히 기습적으로 이루어졌다. 양심이라고는 눈곱만큼도 없는 후크 선장의 잔당들이 소년들의 땅 밑 집을 공격했다. 피터 팬과 소년들이 인어의 호수에서 후룸라이드를 타며 즐거운 시간을 보내고 있을 무렵 후크의 부하 해적들이 집으로 쳐들어와 엉망으로 만들어 놓고 도망쳤다. 피터 팬과 앨리스가 자신들의 본거지로 와서 배를 가져간 일에 대한 보복이었다.

이 사실을 처음 발견한 것은 팅커벨이었다. 팅커벨은 인어의 호수에서 집으로 돌아오고 있는 아이들을 발견하고는, 작은 날개를 파르르 떨며 해적들이 공격해왔다는 사실을 알렸다. 피터 팬과 소년들은 분노했다.

피터 팬이 후크 선장과의 마지막 대결에서 이기고, 후크 선장이 악어밥이 된 후 네버랜드는 평화로운 땅이 되었는데, 그때 후크 선장의 잔당들을 끝까지 추격하여 없애버리지 못한 것이 화근이 된 것이다.

피터 팬은 당장 소년들을 이끌고 해적들을 무찌르기 위해 후크 선장의 본거지였던 곳으로 날아갔다. 그러나 후크 선장의 본거지에는 해적들이 살았던 흔적만 있을 뿐 아무도 보이질 않았다. 잠시 후 이 사실을 안 피쿠니네 부족의 추장 위대한 리틀 팬더가 부하들을 이끌고 나타났다.

위대한 리틀 팬더는 부하들을 해적 잔당 본거지에 남겨두고, 소년들의 땅 밑 집을 습격한 보복으로 후크 선장의 배에 불을 지르라고 명령했다.

"잠깐, 배에 불을 지르는 것은 좋은 일이 아닌 것 같아요."

앨리스가 위대한 리틀 팬더에게 말했다.

"왜 그러니? 앨리스."

추장 뒤에 서 있던 타이거 릴리가 물었다.

"아깝잖아. 저걸 잘 활용하면 훌륭한 놀이기구가 될 것 같은데."

앨리스는 서울의 놀이공원에서 보았던 '바이킹'을 떠올렸다.

"그래? 그러면 앨리스 마음대로 하렴. 불에 태우는 것보다는 놀이기구로 만드는 것이 더 좋다면 말이야."

거 봐
쓸만하지?

자. 호수로
옮겨 왔다.

위대한 리틀 팬더는 부하들에게 후크 선장의 배를 인어의 호수까지 옮기라고 명령했다.

인디언 용사들의 도움으로 후크 선장의 배를 인어의 호수까지 옮긴 후, 소년들과 피터 팬 그리고 앨리스는 지친 몸을 이끌고 땅 밑 보금자리로 돌아왔다. 소년들은 앨리스가 저녁식사를 준비하는 동안 열심히 부서진 집을 고치고 가구들을 정리했다.

놀이기구가 된 해적선

해적선의 원래 이름은 '졸리 로저' 호였다. 졸리 로저 호는 한때 바다의 식인종으로 불릴 정도로 악명 높은 배였다. 그러나 지금은 주인을 잃은 고물선일 뿐이었다. 배의 선체는 물론 갑판에까지 해초와 조개가 더덕더덕 달라붙어 있었고, 그동안 사람의 손이 닿지 않아 나무는 윤기를 잃고 거뭇거뭇 얼룩이 져 있었다.

앨리스는 해적선의 이름을 '바이킹' 으로 바꾸었다. 같은 해적선이지만 '바이킹' 으로 부르니까 훨씬 듣기 좋았다. 그리고 인디언과 인어들의 도움을 받아 해적선을 깨끗이 청소했다. 인디언들은 해적선의 안과 위를, 인어들은 바깥과 배 밑을 깨끗하게 닦았다. 피터 팬과 소년들은 무지개 색 페인트로 색을 칠했다. 하루 종일 닦고 칠하니까 제법 놀이공원의 바이킹처럼 보였다.

바이킹을 놀이기구로 탈바꿈시키는 일은 뉴턴에게 넘겨졌다. 뉴턴은 인디언과 소년들이 청소를 하는 동안 열심히 계획을 짜고 필요한 부품들을 조달했다. 바이킹을 지탱할 수 있는 거대한 기둥을 만들기 위해 통나무 10개가 필요했고, 바이킹을 굴릴 수 있는 커다란 고무바퀴가 필요했다. 고무바퀴는 네버랜드에서 쉽게 구할 수 있는 고무나무 수액을 변형시킨 고무로 감쌌다. 네버랜드에는 없는 것이 없었기 때문에 조금만 눈을 부라리고 뒤지면 필요한 것은 아쉽지 않게 구할 수 있었다.

거대한 해적선을 바이킹 놀이기구로 바꾸는 일은 쉬운 일이 아니었다. 지금까지 만든 놀이기구 중 가장 많은 노력과 시간이 투자되었다. 밤샘 작업이 몇 날 며칠 계속되었다.

바이킹은 자이로드롭 못지않게 위험한 놀이기구였으므로 뉴턴은 처음부터 신중하게 시범 운행을 했다. 바이킹은 마치 그네처럼 왕복 운동을 하며 움직였는데, 약 75°의 각도로 좌우로 왔다 갔다 했다. 바이킹의 밑 부분에는 두꺼운 고무로 감싼 롤러가 달려 있어 배가 내려오면 진행 방향으로 배의 밑 부분을 밀어주는 역할을 했다. 아기를 그네에 태워 높이 올리기 위해서 가끔 엄마가 손으로 등을 밀어주는 역할과 같은 것이었다. 모터의 힘으로 위로 올라간 바이킹은 내려올 때에는 중력에 의해 저절로 내려왔다. 아이들은 무거운 기계음을 내며 올라갔다 내려왔다 하는 바이킹의 움직임을 보고 겁을 먹었다. 그래서 아무도 타려는 사람이 없었다.

"원리를 알면 무섭지 않아. 그러니까 바이킹을 탈 사람들은 우선 내 강의를 들어야 해."

마지막 시범 운행을 한 후에 뉴턴이 아이들을 불러 모으며 말했다. 아이들은 그동안의 경험으로 뉴턴의 과학 특강을 들으면 훨씬 놀이기구를 잘 탈 수 있고, 원리를 알고 타면 더 큰 재미를 느낄 수 있다는 것을 알았기 때문에 자율적으로 모였다. 뉴턴 앞으로 소년들과 인디언 꼬마들, 그리고 이번에는 인어 소녀들까지 함께 강의를 들었다.

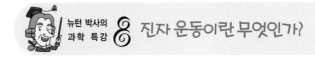

뉴턴 박사의 과학 특강 진자 운동이란 무엇인가?

뉴턴은 바이킹이 시계추나 그네처럼 진자 운동을 한다고 했다. 그리고 진자 운동에 대해 다음과 같이 설명했다.

🍎 **진자의 운동** 진자(또는 추)는 같은 장소를 계속 왕복하는 주기 운동을 한다. 우리는 주변에서 시계추나 그네 등이 하는 진자 운동을 자주 볼 수 있다. 진자가 운동을 시작하려면 추를 처음 위치만큼 높이 올려야 하고, 그 후 운동은 지구 중력의 영향을 받는다.

🍎 **주기와 진동수** 진자가 처음 위치에서 출발하여 다시 처음 위치로 돌아오는 데 걸리는 시간을 주기라고 한다. 그리고 1초 동안에 왕복하는 횟수를 진동수라고 한다.

예를 들면 그림의 A에서 출발한 진자가 B를 거쳐 다시 A로 오는 데 걸리는 시간을 10초라고 한다면 주기는 10초이다. 그리고 10초 동안에 한 번 왕복했으므로 진동수는 1회÷10초=0.1이다.

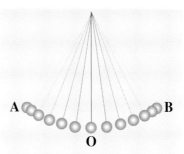

만약에 그림의 진자가 10초 동안에 A에서 출발하여 B를 거쳐 다시

그림처럼 추가 좌우로 왕복 운동하는 것과 같은 운동을 진자의 운동이라 한다.

A로 100번을 왕복했다면 이 경우에 주기는 10초÷100회=0.1초이고, 진동수는 100회÷10초=10이다. 따라서 주기와 진동수는 서로 역수 관계를 가진다. 다시 말해 주기가 짧으면 진동수가 크다는 말이다.

🍎 **진자 운동의 특징** 진자의 주기나 진동수는 진자의 질량이나 진폭과는 상관없고 오직 길이에만 관계가 있다. 다시 말해 진자의 주기는 추가 무겁거나 작거나, 진폭이 크거나 작거나 간에 상관이 없고, 진자의 길이에만 관계가 있는 것이다. 진자의 길이가 길어지면 주기는 길어지고, 진자의 길이가 짧아지면 주기도 짧아진다.

이것은 그네를 타면서 실험해 보면 알 수 있다. 같은 길이의 그네라면 몸무게가 무거운 사람이나 작은 사람이 한 번 왔다 갔다 하는 데 걸리는 시간은 같다. 또한 발을 많이 굴러 그네를 높이 올렸다 내렸다 하더라도 주기는 변함이 없다. 그런데 그네의 길이를 달리하면 주기는 달라진다.

추가 달린 옛날 시계를 봐도 알 수 있다. 시계추의 운동도 진자 운동이므로 추의 질량이나 진폭과는 관계가 없고 추의 길이에 의해서만 주기가 달라진다. 따라서 시계가 느릴 경우 추의 길이를 짧게 하면 시간을 빨리 가게 할 수 있고, 시계가 빨리 갈 때에는 추의 길이를 길게 하여 느리게 가게 할 수 있다. 예전에는 시계추의 길이를 조절하는 나사가 있었는데, 이것은 온도에 따라 추의 길이가 조금씩 달라지기 때문이었다. 따라서 겨울에는 길이를 약간 늘이고 여름에는 짧게 했다.

추의 진동 주기를
이용했던 벽시계

🍎 **진자의 등시성** 진자의 운동에 대한 특징을 처음 알아낸 사람은 갈릴레이였는데, 갈릴레이는 성당에서 기도를 올리던 도중 천장에 매달린 램프를 관찰하였다. 램프의 흔들림을 유심히 관찰하니 램프가 한 번 흔들리는 시간은 같아 보였다. 당시는 초시계가 없었으므로 그는 몸의 상태가 정상이면 맥박이 뛰는 시간이 일정하다고 생각하고 램프가 흔들리는 동안 자신의 맥박 수를 세어 보았다. 이 방법으로 램프의 주기와 진폭이 무관하다는 것을 알아내었다. 갈릴레이는 단진자의 길이를 달리하면 주기가 달라진다는 것을 발견하여 단진자를 써서 맥박의 빠르기를 재는 방법을 생각해냈고 이를 이용하여 맥박계를 발명했다. 맥박계는 17세기 초 당시에는 획기적인 의학기구로 의사들의 병 진단에 큰 도움을 주었다. 이러한 갈릴레이의 발견을 진자의 등시성(等時性)이라 한다.

바이킹이 진자 운동을 한다는 설명을 들은 아이들은 모두들 바이킹이 움직이는 것을 보고 자신의 손목 맥박을 재었다. 그리고 실제로 주기의 변화가 있는지 알아보기 위하여 사람의 숫자를 조정했다. 또한 롤러의 힘을 약하게 만들어 진폭을 줄여 보기도 했다. 그러나 뉴턴의 말대로 주기는 변하지 않았다.

가속도 운동을 하는 바이킹

바이킹이 움직이는 원리에 대한 뉴턴의 설명을 들은 후, 아이들은 기대 반 걱정 반의 표정으로 바이킹에 올라탔다. 안전막대가 내려오고 바이킹이 서서히 움직이기 시작했다. 바이킹이 꼭대기까지 올라갔다 내려오는 지점에서 아이들은 두 손을 번쩍 들고 환호를 했다.

앨리스는 아이들이 바이킹을 타고 즐거워하는 모습을 물끄러미 쳐다보았다. 아이들이 자이로드롭을 탈 때보다 더 큰 소리로 비명을 지르는 것을 알 수 있었다. 그리고 아이들이 자이로드롭보다 바이킹을 탈 때 왜 더 신나 하는지 궁금했다.

"뉴턴 박사님, 아이들이 자이로드롭을 탈 때보다 더 재미있어 하는 것 같지 않아요?"

앨리스가 뉴턴에게 물었다.

"글쎄, 그런 것 같구나."

"이유가 뭘까요?"

"물론 느낌의 차이도 있겠지만, 아무래도 자이로드롭이 아래로만 이동하는 놀이기구인 반면에 바이킹은 앞으로 갔다, 뒤로 갔다 하면서 가속도를 내기 때문이 아닐까?"

"가속도 때문이라고요…?"

앨리스는 '가속도'라는 말을 듣고 우물쭈물했다. 앨리스는 속도, 속력이라는 말은 이제 어느 정도 이해했지만, '가속도'라는 용어의 개념은 아직 정확하게 알지 못했기 때문에 그 다음 대화를 잇질 못했다.

"너, 가속도에 대해 잘 모르는구나?"

뉴턴은 앨리스의 아픈 데를 콕 찔러 말했다.

"어려워할 필요 없어. 가속도란 말이다, 속도의 변화를 말하는 거야. 속도가 점점 변하는 운동을 가속도 운동이라고 하지."

"속도가 변하는 운동이라고요? 더 어려운 걸요?"

앨리스는 점점 더 자신이 없어졌다.

"그러면 쉽게 말해 주지. 앨리스, 너 자전거 잘 타지?"

"네, 저는 자전거 타기를 아주 좋아해요. 그래서 학원에 갈 때 자전거를 타고 가고 싶은데, 엄마가 못 타고 가게 해서 매일 다퉈요."

"그래. 그 자전거를 가지고 가속도 운동을 가르쳐 줄게."

가속도에 대한 뉴턴의 친절한 설명이 이어졌다.

"자전거를 씽씽 빠르게 타고 가다가도 앞에 사람이 나타나면 브레이크를 잡고 천천히 가지?"

"당근이죠."

"이처럼 자전거가 빨리 달리다가 천천히 달리다가 하면서 속도의 변화를 가질 때, 우리는 자전거가 가속도 운동을 한다고 말해."

뉴턴은 땅바닥에 다음과 같은 식을 썼다.

$$가속도 = \frac{나중\ 속도 - 처음\ 속도}{걸린\ 시간}$$

"식으로는 가속도에 대한 감이 잘 잡히지 않을 거니까, 예를 들어서 계산해보자. 앨리스 네가 자전거를 타고 10m/s의 속도로 달리다가 10 초 후에 앞에 어린아이를 발견하고 정지했다고 하자. 그러면 이 자전거의 가속도는 얼마일까? 계산해 보렴. 참고로 10m/s는 1초에 10m를 가는 빠르기란다."

앨리스는 뉴턴이 써 준 식을 보면서 땅바닥에 손가락으로 숫자를 써 가며 열심히 계산했다.

$$가속도 = \frac{나중\ 속도 - 처음\ 속도}{걸린\ 시간} = \frac{0-10}{10} = \frac{-10}{10} = -1$$

"네, 계산 결과는 −1이 나오네요. 그런데 숫자 앞에 붙은 마이너스 (−)는 무엇을 의미해요? 그리고 이때 단위는 어떻게 써야 해요?"

"응, 계산 잘했어. 가속도는 −1m/s²이 되는데, 마이너스가 붙은 것은 속도가 점점 감소한다는 의미를 가지고 있어. 그리고 가속도의 단위는 m/s²인데 속도의 단위가 m/s이라는 것과는 다르지? 잘 기억해 둬."

"네. 알고 보니 별 거 아니네요."

앨리스는 자신 있게 말했다.

"정말 그럴까? 나는 아직 가속도 운동에 대해 반도 설명하지 않았는데? 좀더 들어 봐. 앨리스가 자전거를 타고 처음에 10m/s의 속도로 북쪽으로 달리다가, 교차로에서 방향을 바꾸어 서쪽으로 10m/s의 속도로 달렸다고 하면, 이 운동은 가속도 운동일까 아닐까?"

"글쎄요. 처음 속도가 10m/s이고, 나중 속도도 10m/s이니까 속도의 값이 변하지 않았네요. 그러니까 당연히 가속도 운동이 아니지요."

"땡! 틀렸어."

"아니 뉴턴 박사님이 가르쳐 준대로 생각하고 대답했는데요?"

앨리스가 뾰로통해서 말했다.

"하나를 가르쳐 주면 둘은 알아야지. 우리가 앞에서 배운 가속도 운동은 방향은 일정한데 속도가 변하는 운동이지? 그런데 속도는 일정하면서 방향이 바뀌는 운동도 가속도 운동이라고 하는 거야. 그러니까 자전거의 운동은 가속도 운동이지."

"에게게, 누가 그런 엉터리 같은 말을 했어요? 속도가 변해야 가속도 운동이라고 해 놓고는 방향이 바뀌어도 가속도 운동이라니요? 순 엉터리에요!"

"엉터리라니, 내가 한 말인

데. 그럼 내가 엉터리 박사란 말이야? 그건 아니지. 내가 얼마나 똑똑한데."

뉴턴은 화를 내는 건지 약을 올리는 건지 모를 표정으로 말했다.

"그리고 뒤의 경우도 앞의 경우로 설명할 수 있어. 잘 들어봐. 처음에 자전거가 북쪽으로 달렸지? 그러다가 서쪽으로 간 거 아니야? 그러니까 북쪽으로 달리던 자전거가 서쪽으로 간다는 것은 더 이상 북쪽으로 가지 않는다는 뜻이니까 '$0m/s - 10m/s = -10m/s$'로 북쪽으로 $-10m/s$만큼 속도가 변한 거지. 또한 처음에 북쪽으로 달렸다는 것은 서쪽으로 전혀 가지 않았음을 말하는 것이니까 자전거는 서쪽으로도 속도가 변한 거야. 그러니까 결국 방향의 변화란 속도의 변화의 다른 표현이라고 할 수 있는 거지. 알겠니?"

"네 알겠어요. 그러니까 가속도 운동이란 속도가 변하거나 방향이 변하는 운동이다, 이 말씀이죠?"

"그렇지. 이제 깨달음이 오느냐?"

뉴턴은 앨리스를 보며 허허 웃었다.

앨리스는 다시 바이킹의 운동을 자세히 살펴보았다. 뉴턴의 말이 맞았다. 아이들은 가속도가 가장 크게 발생하는 지점에서 큰 소리를 지르고 있었다. 바이킹이 가장 위쪽으로 올라갔다가 방향이 바뀌어 내려오는 위치에서 소리를 질렀고, 또 지표에서 가장 가까운 위치를 지날 때 소리를 질렀다. 가속도를 가장 많이 느끼는 지점이 바로 아이들이 가장 재미있어 하는 곳이었다.

번지 점프

네 버 랜 드 의 일 곱 번 째 이 야 기

번지 점프의 대결투

번지 점프의 대결투 ★ 등가속도 운동과 역학적 에너지

후크 선장의 동생 해적 호크의 등장

이른 새벽부터 위대한 리틀 팬더가 보낸 전령 비둘기가 땅 밑 집 현관문을 부리로 쪼아댔다. 쪼아대는 소리에 깬 앨리스는 비둘기를 발견하고는 다리에 묶인 위대한 리틀 팬더의 편지를 풀어 피터 팬에게 전해 주었다. 피터 팬은 글을 읽을 줄 몰랐으므로, 인디언의 글을 아는 슬라이틀리를 깨워 큰 소리로 편지를 읽게 했다.

우리들의 친구 피터 팬에게,

해적의 본거지에서 보초를 서고 있던 부하로부터 연락이 왔음.

지금 해적의 잔당들이 하나 둘씩 모이고 있다고 함. 빨리 출동하기

바람. 나는 지금 가고 있는 중임.

위대한 리틀 팬더가

피터 팬과 소년들은 "전쟁이다. 모두 출동!"이라고 외치며 각자의 무기를 챙겨 뛰쳐나갔다.

인어의 호수와 신비한 강이 만나는 강의 어귀에 도착한 피터 팬과 아이들은 멀리 희미하게 흔들리는 초록 불빛을 발견했다. 가까이 가서 보니, 해적들 몇 명이 새벽안개 속에서 바위틈에 모여 술을 마시고 있었다. 그들 중 몇몇은 주사위를 던지거나 카드놀이를 하고 있었다.

피터 팬은 그들 중에서 어디선가 많이 본 듯한 해적을 발견하고는 깜짝 놀랐다. 그 해적은 다른 해적들과 달리 혼자 깊은 생각에 잠겨 호숫가를 거닐고 있었는데, 얼굴은 죽은 사람처럼 창백했고 머리는 긴 곱슬로 어깨 위로 늘어뜨려져 있었다. 소년들은 모두 뭔가 잘못 보았다는 듯 눈을 비볐다.

"아니 저건 후크 선장 아니야?"

피터 팬 옆에 있던 투틀즈가 놀란 목소리로 말했다.

"후크 선장은 피터 팬에게 져 악어 밥이 되었잖아?"

닙스도 어리둥절했다.

"아니야, 후크 선장이 맞아. 똑같이 생겼잖아?"

"그러면 혹시 후크 선장의 유령이 나타난 건가?"

아이들 사이에서 잠시 작은 술렁임이 일었다.

"쉿, 조용히 해. 내가 가까이 가서 확인해보고 올 테니까, 여기서 기다려."

피터 팬은 해적들에게 접근하기 위해 몸을 낮춰 앞쪽으로 나아갔다.

그러나 그 순간 어디선가 함성 소리가 크게 나면서 여기저기에 숨어있던 인디언들이 해적들을 향해 돌격했다. 인디언들은 자신들의 사랑스런 공주인 타이거 릴리를 해적들이 납치한 사건 이후로 해적들과는 원수가 되었다. 특히 위대한 리틀 팬더는 딸을 괴롭힌 후크 선장을 직접 처단하지 못한 것을 분하게 생각하고 있었다. 그래서 이번에는 후크의 부하들을 해치워 분한 마음을 달래려는 심산이었다.

하지만 해적들의 반격도 만만치 않았다. 후크 선장과 같은 복장을 한 해적은 쇠갈고리를 휘두르며 두 개의 시뻘건 눈을 부라리며 인디언 전사들을 대적했다. 워낙 그의 쇠갈고리 휘두르는 솜씨가 뛰어나 인디언 전사들은 더 이상 앞으로 나아가지 못했다.

"애들아 모두 나와서 해적들을 무찔러라!"

잠자코 상황을 보고 있던 피터 팬이 드디어 아이들에게 공격 명령

을 내렸다. 소년들은 소리를 지르면서 인디언들과 합세하여 해적들을 공격하기 시작했다. 해적들은 자신이 마지막으로 남는 해적이 될지도 모른다는 위기감에 사로잡혀 여기저기를 뛰어 다니면서 거세게 대항했다.

그 자리에는 후크 선장을 따르던 심복들이 모두 모여 있었다. 굵은 팔뚝을 자랑하며 귀에는 금장식 귀고리를 단 쎄코, 온몸에 문신을 한 주크스, 한때 공립학교의 수위로 일했다던 스타키 등이 보였다. 후크 선장이 총애하던 심복들이라 그런지 싸우는 솜씨가 뛰어났다. 해적들과 인디언, 그리고 소년들과의 격렬한 전투가 일진일퇴를 반복했다. 그러는 동안에 양쪽의 피해가 늘어갔다. 주크스의 왼쪽 어깨가 떨어져 나갔고, 슬라이틀리의 네 번째 갈비뼈에 금이 갔다. 몇 명의 인디언들은 다리가 부러져 걷지 못했다.

"잠깐 싸움을 중지하자!"

피터 팬이 힘차게 하늘을 오르며 소리쳤다. 이 소리를 듣고 인디언들이 가장 먼저 싸움을 중지했고, 다음에 소년들이, 그리고 해적들도 싸움을 멈추었다.

"왜 그러나, 피터 팬?"

위대한 리틀 팬더가 물었다.

"이렇게 싸우면 친구들만 다쳐요. 그러니까 대장들끼리 한판 싸워 승부를 짓기로 하지요."

피터 팬이 대장의 권위를 내세우며 말했다.

"좋았어. 안 그래도 네 놈과 싸우고 싶었다."

후크 선장을 닮은 해적이 한 발 앞서 나와 말했다.

"그런데 네 놈은 누구냐? 후크 선장의 유령이냐?"

피터 팬이 물었다.

"유령? 하하하! 나는 위대한 후크 선장의 동생 해적 호크다."

그때서야 모든 의문이 풀렸다. 후크 선장의 동생 호크는 후크 선장이 죽은 뒤 피터 팬에게 복수하는 날을 기다리며 해적 잔당들을 한 명 두 명 모으고 있었던 것이다.

"하~, 형제가 어찌 그렇게 닮을 수 있냐? 겁 없는 것까지 그대로 꼭 닮았구나. 그럼 어떻게 싸울까? 주먹으로 싸울까, 단검으로 싸울까, 창으로 싸울까? 네가 원한다면 재주넘기로 실력을 겨뤄도 좋다. 하하하."

"단검으로 싸우자. 내 형 후크가 단검으로 싸우다가 졌으니까 내가 그것으로 복수를 할 테다. 덤벼라!"

해적 호크는 날랜 몸으로 피터 팬을 향해 돌격했다. 막상막하의 싸움이 이어졌다. 어느 쪽도 유리하다고 할 수 없었다. 피터 팬은 뛰어난 검술사였지만 해적 호크도 피터 팬 못지않았다. 그러나 시간이 지날수록 밀리는 쪽은 해적 호크였다. 자신이 불리한 것을 깨달은 호크는 싸움을 포기하고 탄약 창고로 달려가 창고에 불을 붙였다.

"으하핫, 조금 후면 여기는 불바다가 될 것이다. 모두 함께 죽자."

해적 호크는 비장한 표정을 지었다. 그 표정은 마치 죽은 후크 선장에게 '형님 이제 제가 복수할 테니 편히 잠드세요.' 라고 말하는 듯했다.

"웃기지 마라."

피터 팬은 어느새 탄약 창고로 날아가 침착하게, 불붙은 포탄을 인어의 호수 쪽으로 던져 버렸다.

싸움은 다시 시작되었다. 두 사람의 검에서 불꽃이 튀었다. 쉽게 승부가 나지 않다. 해적 호크는 형 후크 선장의 복수를 위해, 피터 팬은 네버랜드의 평화를 지키기 위해 최선을 다해 싸웠다. 하지만 힘이 풀린 해적 호크의 손에서 검이 떨어졌다. 피터 팬은 호크의 목에 칼을 겨누었다.

"해적 호크, 이제 항복하시지."

"아니다. 실수로 검을 떨어뜨린 거야. 재수가 없어서 네게 진 거야."

해적 호크는 자신의 패배를 인정하지 않았다.

"남자들 사이의 진정한 승부는 칼에 있지 않아. 진정한 승자는 가장 용기 있는 자야."

호크가 큰 소리로 외쳤다.

"그렇다면 내가 용기가 없다는 거냐?"

피터 팬이 발끈하여 물었다.

"그렇다. 남자답게 용기를 보여주는 방법으로 겨뤄보자."

해적 호크의 제안으로 싸움은 일단 휴전 상태가 되었다. 그런데 문제는 남자의 용기를 무엇으로 판단하느냐는 것이었다.

각 진영에서는 용기를 판단할 수 있는 방법을 찾기에 골몰했다. 인디언들은 사나운 뿔소를 누가 많이 잡아 오는가를 제안했고, 소년들은 숨

안 쉬고 물에 오래 버티기 등을 제안했다. 그러나 피터 팬과 해적 호크
는 모두 마음에 들지 않았다. 뭔가 훨씬 품격이 있는 대결을 찾고 싶었
다. 이들이 다투던 것을 보고 있던 타이거 릴리가 말했다.

"가장 높은 곳에서 떨어질 수 있는 남자가 가장 용기 있는 남자다."

피터 팬, 번지 점프를 하다

피터 팬과 해적 호크가 번지 점프로 진정한 용기를 겨루기로 한 것은 어
찌 보면 우연이 아니었다. 왜냐하면 번지 점프의 기원이 남성들의 용기
를 자랑하던 의식으로부터 시작되었기 때문이다.

번지 점프는 남태평양에 있는 섬나라 바누아투의 펜테코스트 섬 주
민들이 매년 봄에 행하던 성인 축제에서 유래했다고 한다. 성인의 나이

에 해당하는 섬의 남성들이 나무 탑 위에 올라가 칡의 일종인 번지라는 열대 덩굴로 엮어 만든 긴 줄을 다리에 묶고 뛰어내려 남자의 용기를 자랑하는 의식이었다.

피터 팬과 해적 호크는 인어의 호수 서쪽 폭포에 설치된 번지 점프대에 나란히 섰다. 높이는 140m 정도였고, 아래에는 눈부시게 푸른 호수가 펼쳐져 있었다.

먼저 피터 팬이 나섰다. 피터 팬은 열대 덩굴 대신에 고무나무 수액으로 만든 고무줄을 다리에 묶었다. 피터 팬은 여유만만한 자세로 뛰어내렸다. 호수에 가까워질수록 피터 팬의 속도가 점점 빨라졌다.

"뉴턴 박사님. 저것도 가속도 운동인가요?"

이 광경을 지켜보던 앨리스가 바이킹에서 배운 가속도 운동을 생각하며 말했다.

"그렇지. 속도가 점점 빨라지니까 가속도 운동이지. 하지만 좀 특별한 가속도 운동이야."

등가속도 운동을 하는 피터 팬

앨리스는 특별한 가속도가 무엇인지 궁금했다.

"속도가 일정하게 증가하는 운동이라고 해서 등가속도 운동이라고 하지."

"네? 가속도 운동이면 가속도 운동이지, 또 등가속도 운동은 뭐예요?"

"'등가속도'에 '등(等)' 자가 붙었지? 그건 같다는 뜻이야. 그러니까 등가속도 운동이란 계속해서 같은 크기로 속도가 증가하는 것을 말해."

"가속도 운동이라는 말보다 더 이해하기 힘드네요."

앨리스는 알 수 없다는 듯 어깨를 으쓱했다.

"그러면 내 설명을 잘 들어 보거라. $10m/s^2$의 가속도로 움직이는 자동차가 있다고 생각해 보자. 여기서 $10m/s^2$이 가속도라는 것은 1초에 속도가 $10m/s$씩 증가한다는 것을 의미해. 그러면 이 자동차의 2초 후의 속도는 얼마가 될까?"

"네, 1초에 속도가 $10m/s$씩 증가한다고 했으니까, 1초 후에는 $10m/s$이고, 2초 후에는 $10m/s+10m/s=20m/s$가 되겠지요."

"그렇지 맞았어. 그러면 3초 후에는 속도가 어떻게 될까?"

"1초 후에는 $10m/s$, 2초 후에는 $20m/s$, 3초 후에는 $20m/s+10m/s=30m/s$가 되지요."

"빙고! 그러니까 1초에 $10m/s$씩 속도가 일정하게 증가하는 거야. 이런 운동을 등가속도 운동이라고 해. 그런데 등가속도 운동이 일어나는 경우는 자연 상태에서 보기 드물어. 그 이유는 등가속도 운동은 힘이 일정하게 주어져야 하기 때문이지."

"힘이 주어져야 한다고요?"

"그렇지. 가속도가 있다는 것은 속도에 변화가 생겼다는 것이고, 속도의 변화는 그냥 저절로 생기는 것이 아니라 힘이 들어가야 하거든. 따라서 가속도는 힘 때문에 생기는 운동이므로 힘의 방향과 같은 방향으로 가속도가 생기고, 작용된 힘의 크기가 크면 이때 생기는 가속도의 크기도 커지는 것이란다. 그래서 (+) 가속도는 다음 그림처럼 힘과 운동 방향이 같을 때 생기고, (−) 가속도는 힘과 운동 방향이 반대일 때 생기는 것이지."

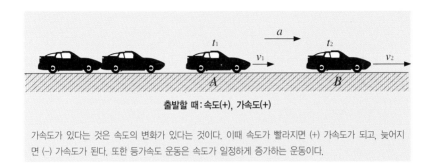

출발할 때: 속도(+), 가속도(+)

가속도가 있다는 것은 속도의 변화가 있다는 것이다. 이때 속도가 빨라지면 (+) 가속도가 되고, 늦어지면 (−) 가속도가 된다. 또한 등가속도 운동은 속도가 일정하게 증가하는 운동이다.

"그런데 아까 피터 팬이 번지 점프를 할 때 등가속도 운동을 한다고 하셨잖아요."

뉴턴의 설명을 잠자코 듣던 앨리스가 물었다.

"그렇지. 번지 점프를 할 때는 등가속도 운동을 하는 게 맞아. 그 이유는 피터 팬에게 작용하는 힘은 다리에 고무줄의 힘이 작용하기 전까지는 중력밖에 없었기 때문이야."

"아, 그렇군요."

뉴턴과 앨리스가 대화를 주고받는 사이에 피터 팬은 멋지게 번지 점프를 하고 손가락으로 V자 모양을 그리며 나타났다. 뒤를 이어서 해적 호크도 번지 점프를 했다. 해적 호크가 떨어지는 모습을 지켜보던 앨리스가 다시 한 번 물었다.

"그러면 번지 점프는 어떤 등가속도 운동을 하나요?"

"응. 중력에 의한 등가속도 운동을 하는데, 이를 특히 중력 가속도 운동이라고 한단다. 중력 가속도가 $9.8m/s^2$이라고 하니까 저기 해적 호크가 떨어질 때의 속도를 초 단위로 알 수 있겠지?"

"네, 계산해 볼게요."

앨리스는 그 자리에 쭈그리고 앉아 바닥에 나뭇가지로 계산을 하기 시작했다.

'1초 후에는 9.8m/s,

　2초 후에는 9.8m/s+9.8m/s=19.6m/s,

　3초 후에는 19.6m/s+9.8m/s= 29.4m/s,

　4초 후에는 29.4m/s+9.8m/s= 39.2m/s,

　5초 후에는 39.2m/s+9.8m/s= 49m/s…'

앨리스는 계속 더하기를 했다.

"앨리스, 그런데 언제까지 더하기를 하고 있을 거야?"

뉴턴이 난감한 표정을 지었다.

"네? 저는 박사님이 그만하라고 하실 때까지 해야 하는 줄 알고…"

무안해진 앨리스는 머리를 긁적이며 일어났다.

"그래서 공식이라는 것이 필요한 것이고, 공식을 이용하면 계산을 편리하게 할 수 있는 거야. 자 몇 가지 공식을 가르쳐 줄 테니, 잘 기억해 두렴."

뉴턴은 앨리스가 쓰던 나뭇가지를 받아 바닥에 몇 가지 공식을 썼다.

나중 속도(v) = 처음 속도(v_0) + 속도의 변화량
속도의 변화량 = 가속도(a) × 시간(t)
∴ 나중 속도(v) = 처음 속도(v_0) + (가속도(a) × 시간(t))

"자, 그럼 이 식으로 3초 후의 속도를 구해볼래?"
앨리스는 바닥에다 다음과 같은 식을 전개해 나갔다.

나중 속도(v) = 처음 속도(v_0) + (가속도(a) × 시간(t))
$$= 0 + (9.8m/s^2 × 3s)$$
$$= 0 + 29.4m/s = 29.4m/s$$

"나중 속도는 29.4m/s입니다."
"빙고! 맞았어. 잘하네."
뉴턴은 차근차근 설명을 이해하며 따라오는 앨리스가 대견하여 앨리스의 머리를 쓰다듬어 주었다. 뉴턴은 이어서 이 값을 시속으로 바꾸는 방법을 가르쳐 주었다.
"앨리스, 1시간은 3,600초니까 앞에서 구한 값에 3,600을 곱하면 시속으로 속도를 구할 수 있어. 29.4m/s × 3,600 = 105,840m/h이고, 105,840m는 105.84km니까, 답은 105.84km가 되는 거야."
"아니 그러면 피터 팬이나 해적 호크가 폭포에서 뛰어내린 후 3초 후가 되면 고속버스보다 더 빠르게 움직인다는 뜻이 되네요?"

앨리스는 놀라운 듯 말했다. 그러나 뉴턴은 그 말을 알아듣지 못했다. 뉴턴은 태어나서 고속버스를 본 적이 없기 때문이었다.

해적 호크도 멋있게 번지 점프를 마쳤다. 두 사람은 서로 자신이 더 용감하게 뛰어 내렸다고 우겼다. 아무도 승부를 가릴 수 없었다. 그래서 인디언 추장 위대한 리틀 팬더가 번지 점프의 높이를 더 높인 후에 다시 대결을 하자고 제안했다.

"좋아. 이번에는 1,000m의 높이에서 뛰어 내리자!"

피터 팬은 1,000m쯤은 대수롭지 않다는 듯 말했다.

"나도 좋아. 그 정도 높이에서 뛰어야 진정한 남자라고 할 수 있지."

해적 호크도 지지 않고 말했다.

높이가 1,000m인 절벽을 찾아 인디언들과 소년들, 그리고 피터 팬과 해적 호크는 네버랜드에서 가장 높은 절벽인 동쪽 해안 절벽으로 이동했다. 앨리스와 뉴턴도 계속 등가속도 운동에 대한 이야기를 주고받으며 그들을 따라갔다.

지상 최고(最高)의 번지 점프 낙하를 앞두고 피터 팬은 여전히 자신만만한 표정을 지었고, 해적 호크도 뒤지지 않으려고 웃음을 잃지 않았다.

"뉴턴 박사님. 피터 팬이나 해적 호크가 저 높이에서 뛰어내리면 얼마 후에 지표에 도달할까요?"

"좋은 질문이야. 한번 계산해볼까?"

앨리스는 뉴턴이 먼저 계산하기 전에 자신의 힘으로 이 문제를 해결

해보려고 머리를 이리저리 굴려보았으나, 등가속도 운동에서 거리와 시간의 관계가 쉽게 떠오르지 않았다.

"뉴턴 박사님, 앞에서 가르쳐 준 식으로 해 보려고 하는데, 잘 안 되네요. 혹시 다른 식이 있나요?"

"당연하지. 등가속도 운동에서 이동한 거리와 시간과의 관계를 구하는 식의 과정은 조금 복잡하니까, 나중에 좀더 과학을 알게 되면 그때 배우기로 하고, 대신 다음 식을 잘 기억해 두거라."

$$
\begin{aligned}
\text{등가속도 운동의 이동 거리} \\
= \text{평균 속도} \times \text{이동 시간} \\
= \frac{\text{최종 속도}}{2} \times \text{이동 시간} \\
= \frac{\text{가속도} \times \text{이동 시간}}{2} \times \text{이동 시간} \\
= \frac{\text{가속도} \times \text{이동 시간} \times \text{이동 시간}}{2} \\
= \frac{[\text{가속도} \times \text{이동 시간}^2]}{2}
\end{aligned}
$$

"계산 과정이 꽤 복잡하네요."

"그렇지, 좀 복잡하지? 이해하기 힘들면 마지막 식만 기억하면 돼. 중간 과정은 나중에 고등학교를 가면 배우게 되니까, 지금부터 억지로 이해하려고 하면 머리만 아프지."

그러고는 뉴턴은 마지막 식만 남긴 채 중간에 있는 식들을 모두 지웠다.

"자, 그럼 이 식을 이용해서 피터 팬이 떨어지는 시간을 구해보렴."

앨리스는 다시 쭈그리고 앉아 뉴턴이 적어 놓은 식 아래에다가 계산 과정을 적었다. 하지만 계산이 복잡해지고 어려워지자 앨리스는 중간에 포기했고, 뉴턴이 이어서 계산을 마쳤다.

$$\text{등가속도 운동의 이동 거리} = \frac{[\text{가속도} \times \text{이동 시간}^2]}{2}$$

$$1{,}000 = \frac{[9.8 \times \text{이동 시간}^2]}{2}$$

$$9.8 \times \text{이동 시간}^2 = 2{,}000$$

$$\text{이동 시간}^2 = 2{,}000 \div 9.8$$

$$\text{이동 시간}^2 \fallingdotseq 204$$

$$\text{이동 시간} \fallingdotseq \sqrt{204} \fallingdotseq 14$$

답은 약 14초였다. 피터 팬이나 해적 호크가 1,000m 높이의 해안 절벽에서 밑으로 떨어진다면 약 14초 후에 바다에 빠질 것이다.

"그런데 앨리스, 실제로는 계산이 그렇게 나오지는 않을 거야. 왜냐하면 번지 점프는 엄격하게 따지자면 완전한 등가속도 운동이 아니기 때문이야. 처음에 뛸 때 사람의 힘이 중력에 일부 포함되고, 또 어느 정도 떨어진 후 고무줄이 다리를 잡아당기는데 이때 장력이 작용하기 때문이야. 그렇지만 전체적으로 등가속도 운동을 공부하기는 번지 점프가 가장 좋은 예가 되는 것 같아."

뉴턴의 말을 들은 앨리스는 걱정스런 눈길로 번지 점프대 쪽을 바라보았다.

"그럼 만약에 고무줄이 사람을 붙잡지 못한다면 번지 점프는 매우 위험한 놀이가 되겠네요."

"그렇지. 만약에 고무줄이 사람을 잡지 못한다면 사람은 물에 떨어진다고 해도 그 충격이 매우 클 거야. 물 아닌 다른 곳에 떨어진다면 생명을 보장받을 수 없겠지. 그러니까 탄성이 좋은 고무줄을 사용하는 거야."

"그러면 만약에 고무줄 대신 다른 줄을 사용하면 어떻게 돼요?"

앨리스에게는 또 다른 궁금증이 생겼다.

피터 팬의 운동 에너지

"대단히 위험하지. 높은 곳에서 떨어질수록 바닥에 닿을 무렵의 속도는 큰데, 속도가 클수록 운동 에너지가 크단다. 그런데 만약에 번지 점프를 할 때 고무줄을 사용하지 않는다면, 그 운동 에너지가 고스란히 바닥에 충돌할 때의 충격량으로 사람에게 전해져 사람을 아주 위험하게 만들 거야."

"아~ 그러니까 사람이 가지고 있는 운동 에너지를 고무줄이 흡수하는 거군요. 그런데 운동 에너지는 뭐예요?"

'운동 에너지' 라는 새로운 단어가 앨리스의 관심을 끌었다.

"운동 에너지란 운동하는 물체, 그러니까 움직이는 물체가 가지는 에너지를 말하지. 이 운동 에너지는 물체의 질량이 클수록, 속두가 빠를 수록 커지는데, 특히 속도의 양에 더 많이 좌우된단다. 자 보렴. 이것이 운동 에너지 공식이야."

$$\text{운동 에너지} = \text{물체의 질량} \times \frac{(\text{물체의 속도})^2}{2}$$

"이것을 기호로 나타내면 다음과 같이 쓸 수 있단다."

$$K_E = m \times \frac{(v)^2}{2}$$

"아, 이 식을 보니까 운동 에너지가 질량보다 속도의 영향을 더 받는 까닭을 알겠네요. 속도의 제곱에 비례하니까요."

"그렇지. 앨리스도 이제 제법이네. 그러면 앨리스 네가 100m 달리기를 할 때 가지는 운동 에너지를 계산해볼래?"

뉴턴은 나뭇가지를 건네주었다.

"식을 사용하면 쉽죠. 우선 저의 질량을 50kg이라 하고, 100m를 약 20초 동안에 달리니까 '100m ÷ 20초' 하면 속도가 5m/s가 나오네요. 이 값을 식에 대입하면 다음과 같이 되는 거죠."

$$운동\ 에너지 = 50 \times \frac{(5)^2}{2} = 50 \times \frac{25}{2} = 25 \times 25 = 625J$$

"참 잘했어. 맞았어. 625가 나오는데, 에너지의 단위는 J이라는 기호로 쓰고, '줄'이라고 읽어. 줄(Joule)이라는 과학자의 이름을 기념하기 위해 그 사람의 이름 첫 글자를 사용한 거야."

"전 이런 얘길 들을 때마다 과학자들은 참 좋겠다는 생각을 해요. 박사님도 박사님의 이름을 딴 힘의 단위가 있잖아요."

"그럼 너도 열심히 공부하렴. 그럼 네 이름을 딴 공식이나 단위가 생길 테니까. 네가 그렇게 되기 위해서는 우리가 하던 계산을 마무리하는 것이 좋겠지?"

뉴턴은 앨리스를 향해 싱긋 웃으며 설명을 계속했다.

"우리가 앞에서 피터 팬이 1,000m 높이에서 번지 점프를 할 때, 약 14초 후에 바닥에 닿는다는 계산을 했는데, 그때의 속도를 알면 피터 팬이 최종적으로 가지는 운동 에너지를 알 수 있을 거야. 자, 좀 어렵겠지만 앞에서 배운 것을 가지고 계산을 해 봐."

뉴턴은 앨리스에게 점점 더 어려운 과제를 내 주었다. 앨리스는 앞에서 배운 내용을 기억하며 열심히 나뭇가지로 계산을 했다.

$$\text{나중 속도}(v) = \text{처음 속도}(v_0) + (\text{가속도}(a) \times \text{시간}(t))$$
$$= 0 + (9.8\text{m/s}^2 \times 14\text{s})$$
$$= 0 + 137.2\text{m/s} = 137.2\text{m/s}$$

"137.2m/s가 되는 게 맞죠? 그리고 피터 팬의 질량을 50kg이라고 하면, 다음 식에 대입해서 운동 에너지를 계산할 수 있어요."

$$\text{운동 에너지} = 50 \times \frac{(137.2)^2}{2} \fallingdotseq 50 \times \frac{18824}{2}$$
$$\fallingdotseq 50 \times 9412 \fallingdotseq 470,600\text{J}$$

"답이 나왔네요. 피터 팬이 가지는 운동 에너지는 470,600J이에요."

앨리스는 두 손을 허리에 대고 자랑스럽게 대답했다.

"앨리스 너 참 잘하는구나. 계산이 쉽지 않은데."

"네. 그렇죠? 저는 계산은 잘해요. 어릴 때 주산을 배웠거든요. 그런데 470,600J의 에너지는 얼마나 되는지 감이 안 와요."

"1J은 약 0.24cal의 열량을 낼 수 있는 에너지인데, 470,600J은 470,600×0.24=112,944cal≒113Kcal의 열량이라고 할 수 있어. 1Kcal는 물 1kg을 1℃ 높일 수 있는 열이지. 그러니까 피터 팬이 마지막 순간에 가지는 운동 에너지는 물 1kg을 펄펄 끓게 하고도 남는 에너지라는 거야. 어때 대단하지?"

앨리스는 뉴턴의 설명을 들으면서 우리 주변의 현상을, 말로 설명할 수 있는 개념과 이론으로 정리한 인간의 과학적 능력에 다시 한 번 감탄하였다.

"그리고 말 한 마리가 1초에 735J의 일을 할 수 있다고 하는데, 이를 1마력이라고 한단다. 그러니까 피터 팬이 가질 수 있는 운동 에너지는, 470,600J ÷ 735J ≒ 640마력으로, 말 640마리가 한꺼번에 1초 동안에 낼 수 있는 에너지라고 할 수 있는 거야."

"정말 대단하네요. 그런데 그 많은 운동 에너지는 어디서 나온 거예요?"

피터 팬의 위치 에너지

"응, 그건 모두 위치 에너지에서 온 거야. 높은 곳에 있는 물체는 위치 에너지라고 하는 에너지를 가지고 있는데, 그 에너지가 운동 에너지로 변환되면서 큰 속도를 내게 되거든."

"아하, 그렇군요. 높은 곳에 있는 물체는 눈에는 보이지 않지만 위치 에너지를 가지고 있군요. 그래서 높은 곳의 물이 떨어지면서 전기를 발전시킬 수도 있는 것이고요."

"어쭈, 제법인데? 이제는 하나를 가르치면 둘은 아네?"

뉴턴은 허허 웃으며 앨리스를 칭찬했다.

"알아주시니까 고맙습니다. 그런

높은 곳에 있는 물이 가진 위치 에너지를 이용하여 수력 발전을 한다.

데 위치 에너지에 대해 좀더 자세히 설명해 주세요."

이제 앨리스는 과학 공부에 재미를 붙여 적극적으로 질문을 했다.

"위치 에너지에는 중력에 의한 위치 에너지, 탄성력에 의한 위치 에너지, 전기력에 의한 위치 에너지 등이 있는데, 지금 피터 팬이 떨어질 때의 에너지는 중력에 의한 위치 에너지란다."

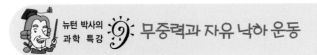

뉴턴 박사의 과학 특강 ⑨ 무중력과 자유 낙하 운동

뉴턴은 앨리스에게 높이 및 질량에 비례하는 위치 에너지의 성질과 그 구하는 식을 설명하였다. 다음은 그 내용을 간략하게 정리한 것이다.

🍎 **높이에 비례하는 위치 에너지** 지구의 중력이 미치는 범위 내에서 위치 에너지는 지구 표면에서 멀어질수록 크다. 즉, 땅에서 높을수록 위치 에너지가 크다. 낮은 곳보다 높은 곳에서 떨어지는 병이 더 잘 깨지는 것을 생각하면, 위치 에너지가 높이에 비례한다는 사실을 쉽게 이해할 수 있다.

🍎 **질량에 비례하는 위치 에너지** 또한 같은 높이에서 떨어져도 가벼운 탁구공보다 무거운 쇠

구슬이 더 많은 충격을 준다. 이것은 위치 에너지가 질량에 비례하는 것을 보여준다.

🍎 **위치 에너지 구하는 식** 따라서 위치 에너지는 높이에 비례하고 질량에 비례하며, 식으로 나타내면 다음과 같다.

위치 에너지 = 물체의 질량 × 중력 가속도 × 높이

이것을 기호로 나타내면, $E_p = m \times g \times h$가 된다.

이 식을 이용하여 질량이 50kg이고, 높이 1,000m에 있는 피터 팬의 위치 에너지를 다음과 같이 구할 수 있다.

$$E_p = m \times g \times h = 50kg \times 9.8m/s^2 \times 1,000m = 490,000J$$

"어? 이 값은 아까 제가 앞에서 구한 운동 에너지 470,600J의 값과 비슷하네요?"

앨리스가 신기한 듯 물었다.

"당연하지. 물론 조금 차이가 있는데, 이것은 피터 팬의 운동 에너지를 구할 때 바다 표면에 떨어지기 직전의 값을 구했기 때문에 생긴 것이고, 실제로는 운동 에너지와 위치 에너지의 값은 같게 나와야 하는 거야. 대신 공기로 인한 마찰은 무시한다는 전제 조건이 필요하지만 말이야."

"아하, 그러니까 위치 에너지가 점점 밑으로 내려오면서 운동 에너

지로 바뀐다는 뜻이지요?"

"바로 그거야. 높은 곳에 있는 물체가 가진 위치 에너지는 지표로 가까이 내려오면서 운동 에너지로 바뀌고, 운동 에너지는 속도가 증가하는 것으로 알 수 있는 거지."

앨리스와 뉴턴 사이의 대화가 끝이 날 무렵, 피터 팬과 해적 후크의 대결도 종지부를 찍었다. 1,000m 높이의 해안 절벽 점프대에서 1시간 동안 뛰어내리지 못하고 벌벌 떨던 후크가 도저히 그 높이에서는 뛰어내릴 자신이 없었는지 항복을 했기 때문이다.

피터 팬은 의기양양해져서 양손으로 V자를 그리며 하늘을 날아 다녔고 후크를 비롯한 해적들은 인디언들에게 붙잡혀 끌려갔다. 밧줄에 묶여 끌려가던 후크는 하늘을 날아다니는 피터 팬을 보고는 "이런! 저 녀석이 하늘을 날 수 있다는 것을 왜 생각하지 못했을까! 그러니 그리 겁 없이 뛰어내리지."하며 자신의 아둔함을 자책했다. 그런 뒷모습을 본 앨리스는 그들이 해적이지만 불쌍한 마음이 들었다. 그래서 리틀 팬더의 귀에 대고 작은 소리로 말했다.

"추장님, 저 사람들을 벌하지 말아 주세요. 제가 네버랜드에서 가장 훌륭한 놀이기구를 만들 계획을 가지고 있는데, 그때 저 사람들의 도움이 필요해요."

"무슨 놀이기구인데?"

부족민을 사랑하는 인자한 지도자 위대한 리틀 팬더는 인디언 꼬마들이 놀이기구를 타며 행복해 하던 모습을 떠올리며 앨리스의 말에 관심을 보였다.

"네, 롤러코스터라는 놀이기구인데, 아마 놀이기구 중에서 가장 재미있을 거예요."

앨리스는, 지금은 혼자만 구상하고 있는 계획이라 그 이상은 설명해 주기가 곤란하다고 말했다. 위대한 리틀 팬더는 두목을 잃은 해적들이 더 이상 나쁜 짓을 하지 않는다는 서약을 하면 그렇게 해도 된다고 약속했다.

사실 앨리스는 이제 더 이상의 놀이기구는 네버랜드에 필요하지 않다고 생각했었다. 웬만한 놀이기구는 다 만들었기 때문이다. 하지만 불쌍한 해적들의 목숨을 살리기 위해 마지막으로 롤러코스터를 만들어야겠다고 결심했다.

롯데월드 후렌치 레볼루션

엔진 없는 열차,
롤러코스터

엔진 없는 열차,
롤러코스터 ★ 관성의 법칙, 역학적 에너지 보존

롤러코스터의 레일에 경사가 있는 까닭

해적들과의 결투 후 땅 밑 집은 다시 평화를 찾

았다.

　한가한 오후를 보내던 앨리스는 턱을 괴고 식탁에 앉아 곰곰이 해적들과 싸울 때의 일을 떠올렸다. 피터 팬은 어린아이일 뿐인데, 그렇게 무서운 어른 해적들을 눈 하나 깜짝하지 않고 무찔렀고, 나머지 소년들이 덩치가 두 배 이상 큰 어른들과 용감하게 싸우는 것도 놀라운 일이었다. 앨리스는 '네버랜드에 오면 아이들이 모두 저렇게 씩씩하고 용감해지는 걸까?' 라고 생각했다. 자신이 살고 있는 도시의 아이들과는 너무 비교가 되었다.

앨리스는 그동안 미루었던 계획을 실행에 옮겨야겠다고 생각했다. 그것은 네버랜드 최대의 놀이기구가 될 '롤러코스터'를 만드는 일이었다.

앨리스는 뉴턴을 찾아가 지구에서 가장 큰 롤러코스터를 만들 계획을 얘기했다. 뉴턴은 레일 길이 5km, 최고 높이 70m, 최대 속도 시속 130km인 롤러코스터를 제안했다. 그리고 지표면의 수직 방향 회전을 30회, 약간 비틀어진 수평 방향의 회전은 25회전 이상 할 수 있고, 컴컴한 동굴을 3회 지나는 설계도를 구상했다.

뉴턴은 앨리스의 설명을 듣고, 과학적으로 빈틈이 없도록 신중을 다해 설계도를 만들었다. 뉴턴은 이번에 만드는 롤러코스터야말로 과학에서 배우는 여러 가지 물리적인 현상을 최대한 많이 보여줄 수 있는 것이라며 심혈을 기울였다. 1차 설계도를 만드는 일에만 꼬박 일주일이 걸렸다.

1차 설계도가 나오고 뉴턴과 앨리스가 2차 설계도를 만드느라고 밤잠을 설치는 동안, 네버랜드에 사는 사람들은 총출동이 되어 필요한 재료들을 구하거나 만들었다. 피터 팬에게 무릎을 꿇고 앞으로 사이좋게 지내기로 약속한 해적 선장 후크의 동생 호크를 비롯한 해적들은 1차 설계도에서 나온 롤러코스터가 달릴 레일을 만드는 일에 동원되었고, 소년들과 인디언 꼬마들은 롤러코스터에서 달릴 열차를 만드는 일에 열중했다.

굴곡이 많은 롤러코스터의 레일

일주일 후, 부분 설계도를 완전하게 하는 2차 설계도가 완성되었다. 그리고 자이로드롭이 있는 곳과 인어의 호수 사이에 하늘과 땅 사이를 가르는 긴 기찻길 같은 레일이 차례차례 이어졌다. 레일의 형태는 다양했다. 꽈배기처럼 비비 꼬인 구간이 있는가 하면, 구불구불하게 굽은 동그라미 모양의 구간도 있었다.

또한 레일은 갑자기 바닥으로 내리 꽂히듯 아래로 굽어졌고, 어떤 곳은 왼쪽으로, 어떤 곳은 오른쪽으로 굽어졌다. 오른쪽으로 구부러져 있는 레일은 왼쪽 레일이 높게, 왼쪽으로 구부러져 있는 레일은 오른쪽 레일이 약간 높게 되어 있었다. 이것은 열차가 바깥으로 튀어나가는 것을 방지하기 위한 것이었다.

뉴턴은 레일을 설계하는 과정에서 레일의 경사에 특별한 관심을 보였다. 레일 위를 빠른 속도로 달리는 열차와 그 열차에 탄 사람은 열차가 회전할 때, 관성에 의해 바깥으로 밀려나는 힘을 받기 때문에 레일 바깥으로 이탈할 위험이 있었다. 뉴턴은 이 부분을 설계할 때 앨리스에게 '관성'에 대해 설명했다.

앨리스의 관성에 대한 추억

앨리스는 다른 물리 현상보다도 관성에 대해서는 잘 알고 있었다. 왜냐하면 작년 여름에 가족과 자동차를 타고 강원도로 피서를 갈 때 구불구불한 고갯길을 여러 번 지나갔는데, 그때 아빠가 관성에 대한 설명을 자세히 해 주었기 때문이다. 앨리스는 그때의 일을 떠올리며 잠시 가족과 행복했던 시간을 회상했다.

아빠가 운전하는 자동차를 타고 꼬불꼬불한 산길을 가면 앨리스와 언니는 마치 놀이기구를 타는 듯한 기분이 들곤 했다. 그래서 위험한 일인 줄 알면서도 아빠에게 자동차가 회전을 할 때, 좀더 빠른 속도로 달리라고 보채기도 했다. 자동차가 회전하는 방향의 바깥쪽으로 몸이 저절로 밀려나가는 느낌을 받았기 때문이었다. 그러나 그때마다 아빠는 그렇게 운전하는 것은 정말 위험한 일이라고 말했다.

"앨리스! 지금 자동차가 회전할 때 안쪽이나 바깥쪽으로 잡아당기거나 미는 힘을 느끼지? 누가 밀거나 잡아당기는 줄 아니? 바로 귀신이야. 이 차 안에 귀신이 타고 있거든. 흐흐흐."

아빠의 말에 앨리스와 언니가 괴성을 지르자 아빠는 농담이라며, 안쪽이나 바깥쪽으로 작용하는 힘은 관성 때문이라고 말했다. 아빠는 자동차가 회전할 때, 사람의 몸을 밀거나 잡아당기는 힘은 새로운 힘이 작용해서가 아니라, 우리의 몸이 관성에 의해 원래 자동차가 나아가려는 방향으로 직선 운동(자동차가 회전하는 원의 접선 방향)을 유지하려고 하기 때문에 사람이 밖으로 나아가려는 힘을 느낀다고 말했다. 그리고 이와 같이 관성 때문에 원 운동하는 물체가 바깥쪽으로 받는 힘을 원심력이라고 했다. (*원심력에 대한 자세한 내용은 두 번째 이야기 '팅커벨의 회전목마'를 보세요.)

관성의 법칙

물체에 외부로부터 아무런 힘이 작용하지 않으면, 물체는 현재의 운동 상태를 그대로 유지한다. 즉, 정지해 있던 물체는 영원히 정지해 있고, 운동하던 물체는 원래 방향으로 등속도 운동을 한다. 이처럼 물체가 운동 상태를 그대로 유지하려는 성질을 관성이라 하고 물체가 관성을 갖고 있다는 것을 밝힌 것이 관성의 법칙(뉴턴의 운동 제1법칙)이다.

아빠는 관성 때문에 자동차가 구불한 곳을 돌 때는 바깥으로 밀려나갈 우려가 있어, 길을 공사할 때 바깥쪽을 약간 높게 만든다고 설명했다. 그리고 쇼트트랙 경기와 자전거 경주 대회를 하는 경륜장의 예를 들어 보충 설명을 해 주었다.

"앨리스, 동계 올림픽에서 쇼트트랙 경기를 본 적이 있지? 쇼트트랙에서 선수들은 반지름이 작은 원형 코스를 아주 빠른 속도로 달리는데, 회전 코스를 돌 때는 바깥으로 관성을 받아 밀려나려고 해. 그래서 선수들은 최대한 몸을 낮춰 안쪽으로 몸을 기울이고, 넘어지지 않으려고 한쪽 손을 바닥에 짚는 거야."

이어서 아빠는 자전거 경주 대회의 경우도 설명해주었다.

"그런데 자전거 경주에서는 한쪽 손을 바닥에 짚을 수 없지? 그래서

▲ 쇼트트랙 선수들은 코너를 돌 때 바깥쪽으로 작용　▲ 자전거 경주에서는 바닥에 손을 짚고 코너를 돌
하는 관성의 힘을 없애기 위해 반대쪽으로 몸을 기　수 없으므로 도로 면이 경사지게 되어 있다.
울인다.

빠른 속도로 달려야 하는 자전거 경기장은 도로 면을 바깥쪽으로 갈수
록 높아지게 경사지게 만드는 거야. 그렇게 하면 자전거와 선수에게 작
용하는 중력의 일부분이 구심력으로 작용하게 되어 자전거가 바깥쪽으
로 튀어나가는 것을 막아줄 수 있거든."

　앨리스는 그때 아빠가 했던 장난스러운 말과 다정한 모습이 떠올라
아빠를 보고 싶은 마음에 목이 메었다. 그러나 자신보다 나이가 어린 소
년들도 부모님 생각을 하지 않는데 누나가 되어 부모님이 보고 싶다고
눈물을 흘릴 수가 없어 꾹꾹 눌러 참았다.

롤러코스터의 역학적 에너지 보존
롤러코스터 공사는 여름 막바지에 시작되어 나뭇잎이 울긋불긋해지는
초가을까지 이어졌다. 롤러코스터가 완성되는 날, 네버랜드는 큰 잔치
를 벌였다. 여간해서 바깥나들이를 하지 않는 인어들까지 잔치에 초대

되었다.

롤러코스터의 열차에는 운전기사도 없고 기름을 넣는 통이나 전기를 공급할 배터리도 없었다. 열차는 처음에 모터를 이용해 톱니바퀴 모양의 체인을 움직여 레일의 가장 높은 곳까지 올라갔다. 그 후부터는 외부에서 에너지를 전혀 공급받지 않고 저절로 움직였다.

높은 곳에 끌어올려진 열차는 그 높이만큼 위치 에너지를 얻었다. 그리고 중력에 의해 아래로 미끄러져 내려오면서 열차가 가지고 있던 위치 에너지는 운동 에너지로 바뀌면서 속도를 높였다. 뉴턴은 없어진 위치 에너지만큼 운동 에너지가 생긴다고 말하면서, 이를 '역학적 에너지 보존 법칙' 이라는 용어를 사용하여 이야기했다.

"위치 에너지와 운동 에너지는 바이킹에서 배웠지만, 역학적 에너지라는 말과 역학적 에너지 보존 법칙이라는 용어는 처음 들어요. 좀 자세히 알려 주세요."

뉴턴이 본격적인 설명을 하기 전에 슬라이틀리가 먼저 설명을 해달라고 말했다. 이제 아이들은 놀이기구를 만들고 나서 그 놀이기구에 숨어있는 과학을 배우는 것을 당연한 일로 여겼다. 모두들 호기심이 가득한 눈으로 뉴턴을 쳐다보았다.

"좋았어. 그러면 지금부터 뉴턴의 재미있는 과학 특강을 시작하겠습니다. 짜짠~."

아이들의 맑고 빛나는 눈망울을 보고 뉴턴은 뿌듯하기도 하고 흥분되기도 하여 농담을 섞어 가며 재미있는 강의를 진행했다.

운동하는 물체는 위치 에너지와 운동 에너지를 가지고 있으며, 이 둘의 합을 역학적 에너지라고 한다. 위치 에너지와 운동 에너지는 서로 전환이 되어 전체적으로 역학적 에너지는 보존되는데, 이를 역학적 에너지 보존의 법칙이라 하고, 롤러코스터나 바이킹의 운동에서 이를 확인할 수 있다.

🍎 **롤러코스터의 역학적 에너지의 전환**

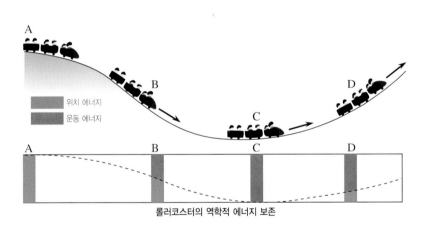

롤러코스터의 역학적 에너지 보존

롤러코스터가 내려갈 때(그림의 A→B→C 구간) 롤러코스터가 내려갈 때는 위치 에너지가 감소하고 운동 에너지가 증가하여 속도가 점점 빨라진다. 이것은 처음 출발할 때 열차가 가지고 있던 위치 에너지의 일부가 운동 에너지로 전환되었기 때문이다.

롤러코스터가 올라갈 때(그림의 C→D 구간) 속도가 점점 느려지므로 운동 에너지는 감소하고, 그 대신 위치 에너지가 증가한다. 즉, 열차가 가지고 있던 운동 에너지의 일부가 위치 에너지로 전환된다.

🍎 **바이킹의 역학적 에너지 전환** 바이킹에서 내려오는 구간(A→O, B→O)에서는 위치 에너지가 감소하고, 없어진 위치 에너지만큼 운동 에너지가 증가한다. 또한 올라가는 구간(O→A, O→

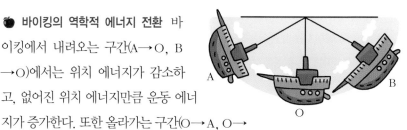

B)에서는 속도가 느려지고 운동 에너지는 감소하는데, 없어진 운동 에너지만큼 위치 에너지가 증가한다.

🍎 **위로 던진 야구공의 역학적 에너지의 전환** 야구공을 위로 던질 때는 운동 에너지는 감소하고, 위치 에너지는 증가한다. 이것은 운동 에너지가 위치 에너지로 전환되기 때문이다. 그리고 야구공이 내려올 때는 위치 에너지는 감소하고, 운동 에너지는

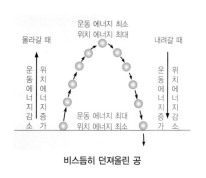

비스듬히 던져올린 공

증가한다. 이것은 위치 에너지가 운동 에너지로 전환되기 때문이다.

🍎 **역학적 에너지 보존의 법칙** 롤러코스터가 운동하고 있는 동안 공기의 저항이나 레일과 바퀴의 마찰로 인한 마찰력이 작용하지 않는다고 하면, 위치

에너지와 운동 에너지의 합은 항상 일정하다. 이것을 역학적 에너지 보존의 법칙이라고 한다. 즉, 다음의 그림에서 보는 것처럼 없어진 위치 에너지만큼 운동 에너지가 생성되고, 또한 없어진 운동 에너지만큼 위치 에너지가 생성된다. 따라서 위치 에너지와 운동 에너지를 합한 역학적 에너지는 보존된다.

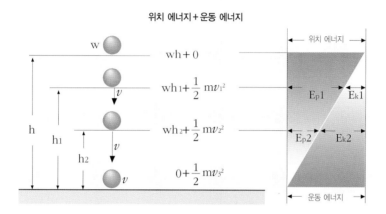

위치 에너지 + 운동 에너지

뉴턴의 실수

뉴턴의 역학적 에너지 보존 법칙에 대한 특강이 끝났다. 이제 시범 운행으로 롤러코스터가 안전한지를 점검하는 일만 남았다. 뉴턴은 이 놀이 기구의 완벽한 안전을 위해 심사숙고를 했고, 안전을 위한 여러 장치를 설치했다.

　대표적인 예가 열차의 브레이크 장치였다. 뉴턴은 만일을 대비해 롤

러코스터 열차 밑바닥에 길고 네모난 금속막대를 부착하고 이것과 똑같은 것을 열차 종착지 몇 미터 앞의 레일 중앙에도 설치했다. 이 장치는 열차가 한 바퀴 돌고 종착지로 돌아올 때, 두 금속막대가 만나게 되면 레일의 금속막대가 열차의 밑바닥에 있는 금속막대를 꽉 조여 열차를 정차시키도록 되어 있었다.

그러나 위대한 리틀 팬더는 혹시 있을 안전사고에 대비하기 위해 덩치가 크고 몸이 날렵한 해적들을 태우고 시범 운행을 하자고 했다. 해적들은 겁이 났지만 안 할 수도 없는 입장이라 울며 겨자 먹기로 롤러코스터에 올랐다. 뉴턴이 전원 장치를 누르자 롤러코스터의 체인은 철커덕거리는 소리를 내며 열차를 가장 높은 위치까지 끌어올렸다.

롤러코스터의 첫 출발은 좋았다. 약 70m의 높이에서 내려오는데 밑으로 내려갈수록 속도가 증가했다. 이탈리아 어부 출신의 잘생긴 쎄코가 먼저 큰 비명을 질렀다. 그러자 쎄코 옆에 앉아 있던 빌 주크스도 덩달아 소리를 질러댔다. 뒤에 앉은 스타키는 아예 고개를 숙인 채 숨도 제대로 쉬지 못했다. 롤러코스터는 옆으로 회전하는 코스를 세 번 지나고 회전 반경이 가장 큰 곳을 향해 굉음을 내며 질주했다.

이제 열차는 빠른 속도로 원을 그리며 회전하기 시작했다.

"야, 이러다가 우리 떨어지는 거 아냐?"

쎄코가 겁에 질려 빌 주크스를 향해 소리쳤다. 그런데 쎄코의 예상은 현실이 되었다. 세 량짜리 열차는 큰 원을 그리며 거꾸로 돌다가 레일에서 탈선하여 그대로 땅으로 추락했고, 그 안에 탄 해적들도 크게 다쳤다.

　멀리서 조마조마한 심정으로 이를 바라보던 뉴턴은 깜짝 놀라 현장으로 달려갔다. 앨리스와 피터 팬, 위대한 리틀 팬더 무리도 함께 뛰어갔다. 해적 호크는 부하들이 크게 다치게 되자 울상이 되었다.

　당황한 뉴턴은 허겁지겁 설계도를 꺼내 어디가 잘못되었는지 검토했다. 한참을 살피던 뉴턴은 이마를 탁 쳤다.

　"맞아, 처음 출발점의 높이가 너무 낮았구나. 회전 코스의 반지름은 저렇게 크게 하고 높이를 조금 낮게 만들었어. 이럴 수가…, 내 실수야."

　뉴턴은 크게 실망을 하고 고개를 떨구었다.

　그날 저녁, 뉴턴은 병상에 있는 해적들을 찾아가 고개 숙여 자신의 실수를 진심으로 사과했다. 처음에 뉴턴을 원수처럼 쳐다보던 해적 호크도 백발인 노 과학자가 진심어린 사과를 해오자 그 사과를 받아들였다. 뉴턴은 모인 사람들에게 왜 이런 일이 생겼는지 상세하게 설명했다.

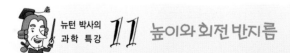

뉴턴 박사의 과학 특강 11 높이와 회전 반지름

다음은 롤러코스터의 처음 높이와 회전 코스의 반지름 크기를 비교한 내용이다. 뉴턴은 이 설명으로 자신의 실수를 설명했다.

🍎 **롤러코스터 열차의 높이와 회전 코스의 반지름의 관계** 그림에서 롤러코스터의 열차가 원형 레일에서 떨어지지 않고 360°회전 운동을 하기 위해서는 처음 출발점의 높이가 중요하다. 이는 높이가 너무 낮거나 높으면 기차가 정상적인 레일 궤도를 따라 운동할 수 없기 때문이다.

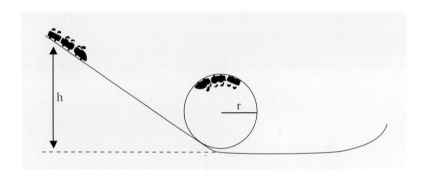

처음 높이를 h, 원의 반지름을 r, 열차의 질량을 m, 원의 꼭대기에서의 속력을 v라고 한다면, 원의 꼭대기에서 역학적 에너지 보존 법칙은 다음과 같이 성립한다.

열차의 처음 위치 에너지 = m × g × h

열차가 회전 코스 맨 꼭대기에 있을 때의 위치 에너지
$$= m × g × 2r = 2mgr$$

열차의 운동 에너지 $= \dfrac{1}{2} mv^2$

$$\therefore mgh = \dfrac{1}{2} mv^2 + 2mgr \qquad 식(1)$$

그리고 공기의 저항이나 레일과 바퀴 사이의 마찰 등으로 인한 마찰력이 작용하지 않는다고 가정하면, 원의 꼭대기에서 떨어지지 않고 회전 운동을 하기 위한 최소 높이는, 열차가 밑으로 떨어지려는 중력과 열차가 안으로 작용하는 구심력의 크기가 같을 때이다.

열차에 작용하는 중력(F)의 크기는 '열차의 질량(m) × 중력 가속도(g)' 이므로 다음과 같은 식으로 표현할 수 있다.

$$F = mg$$

또한 회전 코스에서 안쪽 방향으로 작용하는 구심력(F′)의 크기는 열차의 질량에 비례하고, 반지름에 반비례하며, 속도의 제곱에 비례하므로 다음 식으로 표현할 수 있다.

$$F' = \frac{mv^2}{r}$$

따라서 이 두 식을 같게 놓으면 다음과 같다.

$$F = F' = mg = \frac{mv^2}{r}$$

$$g = \frac{v^2}{r} \qquad \therefore v^2 = gr \qquad \text{식 (2)}$$

식 (2)를 식 (1)에 넣으면 다음과 같이 정리된다.

$$mgh = \frac{1}{2}mgr + 2mgr \qquad \therefore h = \frac{5}{2}r$$

앞 식의 계산 결과가 의미하는 것은 롤러코스터의 열차가 출발하는 곳의 높이 h는 최소한 회전 코스의 반지름 r의 $\frac{5}{2}$ 배가 되어야 한다는 것이다.

그런데 뉴턴이 설계한 롤러코스터의 출발 높이는 70m인데, 회전 코스의 반지름을 40m로 했으니, 기차가 회전 코스를 돌다가 다 돌지 못하고 밑으로 추락한 것이다. 계산에 의하면 회전 코스의 반지름이 40m라면 출발 높이는 최소한 40m×2.5=100m는 되어야 했던 것이다.

뉴턴은 회전 코스의 반지름을 20m 정도로 줄이기로 했다. 이 정도의 반지름이라면 충분한 힘을 받아 회전을 할 수 있다고 결론을 내렸다.

하지만 뉴턴은 더 이상 실수하지 않기 위해서 모의실험을 하기로 했다. 그리하여 쇠구슬을 이용하는 모형을 만들었다. 30cm의 높이에서 출발시킨 쇠구슬은 힘차게 내려가더니 반지름 10cm인 철선 레일을 가뿐히 돌고 다시 앞으로 진행했다. 뉴턴이 계산한 'h=2.5×r' 식이 실험적으로 검증이 된 셈이다.

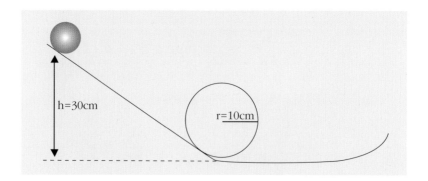

뉴턴은 인디언 전사들과 부상을 당하지 않은 해적들과 함께 롤러코스터의 회전 코스의 반지름을 20m로 조정했다. 또한 보다 확실한 안전을 위해 열차가 레일을 벗어나지 않도록 레일 위와 옆을 도르래처럼 생긴 바퀴가 감싸게 해 열차가 탈선하는 일을 막았다. 뉴턴은 나름대로 롤러코스터의 안전을 위해 모든 노력을 다했다. 그리고 과학 이론으로는 안전벨트가 없어도 떨어지지 않지만 혹시 있을 수 있는 변수 때문에 안전벨트를 설치했다. 그런 후 뉴턴은 주위의 반대를 무릎 쓰고 자신이 직접 시범 운행에 참여했다.

　뉴턴과 앨리스, 그리고 피터 팬 등이 모두 함께 탄 롤러코스터의 시범 운행은 끝까지 아무 사고 없이 잘 진행되었다. 앨리스는 롤러코스터를 타면서 지금까지 배웠던 여러 가지 물리 현상을 몸으로 체험했다. 출발해서 내리막길로 쏜살같이 내려갈 때는 몸이 공중에 붕 뜨는 '무중력 상태'(정확하게 표현하면 '무게가 없는 상태')를 경험했고, 처음 출발할 때 몸이 뒤로 젖혀지고 마지막으로 멈출 때는 앞으로 넘어지는 관성을 느꼈다. 뿐만 아니라 옆으로, 아래위로 회전할 때에는 바깥으로 몸이 튕겨나가는 듯한 원심력도 체험했다.

　앨리스는 과학의 원리를 알고 놀이기구를 타면 훨씬 실감 있는 경험을 할 수 있다는 것을 깨닫고, 놀이기구를 만들 때마다 많은 시간을 할애하여 과학 원리를 설명해 준 뉴턴에게 감사를 느꼈다. 이것은 몸의 즐거움, 머리의 깨달음을 함께 주는 일석이조의 보람을 느끼게 한 경험이었다.

롯데월드 레이저 쇼

네 버 랜 드 의 아 홉 번 째 이 야 기

신나는 레이저 쇼

신나는 레이저 쇼 ★ 빛의 성질

집에 가고 싶은 앨리스

네버랜드는 제법 구색을 갖춘 놀이공원이 되었다. 피터 팬의 소년들과 인디언 어린이들은 놀이공원에서 마음껏 놀았고, 평화로운 놀이공원을 바라보며 앨리스는 흐뭇했다. 하지만 앨리스의 마음 한 구석엔 집에 대한 그리움이 있었다. 앨리스를 쫓아 다니며 잔소리하는 엄마, 늘 잘난 척하는 언니, 앨리스를 잘 챙겨주는 아빠, 모두가 그리웠다.

앨리스는 인어의 호숫가에 앉아 석양으로 반짝이는 호수를 바라보며 가족들 생각에 눈물을 글썽였다. 그때 하늘에서 분홍빛을 반짝이며 팅커벨이 나타났다.

"딸랑딸랑딸랑?(앨리스, 웬 눈물?)"

팅커벨은 파닥파닥 작은 날갯짓을 바삐하며 앨리스 얼굴 앞에 섰다.

"엄마, 아빠가 보고 싶어, 팅커벨. 이제는 집에 가고 싶어."

앨리스는 이제 훌쩍훌쩍 소리 내어 울었다. 팅커벨은 앨리스를 잠시 지켜보다가 어디론가 뾰로롱 날아가 버렸다.

"옆에서 위로 좀 해주면 어디 덧나나? 어떻게 요정이 저렇게 인정머리가 없는 거야."

앨리스는 팅커벨이 원망스러웠다.

앨리스를 두고 날아간 팅커벨은 피터 팬과 소년들을 찾아 놀이공원 여기저기를 헤맸다. 피터 팬은 소년들과 어울려 해가 지는 줄도 모르고 열심히 바이킹을 타며 놀고 있었다.

"딸랑딸랑딸랑. 딸랑딸랑딸랑. 딸랑딸랑딸랑.(피터 팬! 앨리스가 인어의 호수에서 혼자 울고 있어. 굉장히 외로운가 봐.)"

팅커벨은 요란스러운 방울 소리를 내었다.

"왜? 이렇게 재미있는데, 울긴 왜 울어. 하여튼 여자 애들이란…."

피터 팬은 김이 빠졌다는 듯 입을 내밀며 팅커벨을 따라 인어의 호수로 날아갔다.

"앨리스, 너 울고 있니?"

피터 팬이 물었다.

"응, 집에 가고 싶어. 이젠 집으로 데려다 주면 좋겠어."

앨리스는 어린아이마냥 쪼그리고 앉아 눈물을 글썽이며 피터 팬을 올려다보았다.

"알았어. 하지만 친구들과 의논해 보고 결정해야 할 일이야."

피터 팬은 앨리스의 얼굴이 너무 안쓰러워 보였다. 그날 저녁 피터 팬은 소년들과 회의를 했고, 앨리스의 소원대로 집으로 데려다 주기로 결정했다. 더불어 뉴턴도 원래 있던 이상한 나라로 데려다 주기로 했다.

앨리스는 피터 팬과 소년들의 결정을 막상 전해 듣자 이 아이들을 두고 혼자 집으로 돌아간다는 것이 마음에 걸렸다. '저 아이들도 얼마나 엄마, 아빠가 보고 싶을까?' 하지만 피터 팬의 소년들에게는 이미 돌아갈 집이나 부모님이 계시지 않았다.

앨리스는 다음날 아침 뉴턴을 찾았다. 뉴턴은 연구실에 틀어 박혀 여전히 열심히 실험에 몰두하고 있었다. 앨리스가 찾아갔을 때 뉴턴은 방 안을 검은 커튼으로 어둡게 하고 프리즘으로 빛에 관한 실험을 하고 있었다.

"아이, 미안해요. 실험 중인지 몰랐어요."

"어서 오렴, 앨리스. 그런데 네 얼굴이 왜 그렇게 어둡지?"

뉴턴은 하던 실험을 멈추고 앨리스의 얼굴을 걱정스러운 듯 바라보았다.

"집에 가고 싶어서 피터 팬에게 말했는데, 피터 팬이 보내 준다고는 했어요. 그런데 막상 여길 떠나려고 하니 마음이 편치 않아요."

"그동안 정이 많이 들었구나. 그래도 집엘 가야지. 부모님들이 걱정하실 텐데."

뉴턴은 눈에 눈물이 그렁그렁 맺힌 앨리스의 머리를 쓰다듬었다.

"네, 그래서 아이들에게 마지막 선물을 했으면 해요."

"무슨 선물?"

"아이들이 좋아할 이벤트를 하나 하려고요."

"무슨 이벤트?"

"레이저 쇼 같은 걸 하면 좋아할 것 같은데. 박사님, 혹시 레이저 쇼를 아세요?"

앨리스는 뉴턴이 아무래도 레이저 쇼를 한 번도 보지 못했을 것 같은 생각이 들었다.

"처음 듣는 말인데…. 그래도 이번 소원은 내가 꼭 들어줘야겠지?"

뉴턴은 싱긋 웃으며 앨리스에게 만들어주겠다고 약속했다.

"전 마지막으로 피터 팬에게 박사님을 모시고 서울에 한 번 더 다녀오도록 부탁할게요."

마지막 이벤트, 레이저 쇼

피터 팬과 함께 서울에 있는 방송국에서 한 레이저 쇼를 몰래 보고 온 뉴턴은 얼굴이 상기되어 있었다. 그동안 자신이 연구해왔던 빛의 성질을 밝히는 결정적인 증거를 봤다며 돌아오는 내내 피터 팬에게 얼마나 설명을 했는지, 피터 팬은 이번이 마지막이라 다행이라며 고개를 내저었다.

"앨리스, 레이저 쇼를 봤는데, 원리는 별로 어렵지 않은 것 같아."

뉴턴은 연구실 책상 위에 있는 종이에 그 원리를 그리며 말했다.

"사실 저는 보기만 했지, 원리는 몰라요."

"원리는 아주 간단해. 알고 보면 순전히 빛의 장난이거든."

뉴턴은 자신만만했다.

"그래요? 그럼 언제쯤에 레이저 쇼를 볼 수 있어요? 마음이 급해서
요."

"음. 원리는 간단하지만, 강력한 레이저를 쏠 수 있는 기구를 만들
시간이 필요해. 그래서 며칠 시간을 줘야겠는데."

"네, 그러면 그동안 전 짐정리를 할게요. 박사님, 되도록 빨리 좀 부
탁드려요."

앨리스가 나가자마자 뉴턴은 열심히 레이저에 대해 연구했다. 그의
손에는 서울에서 가지고 온 레이저 포인터가 들려 있었다.

이틀이 지난 후 저녁이었다. 뉴턴은 혼자서 앨리스를 찾았다.

"앨리스, 이리 와 봐."

뉴턴은 조용히 앨리스를 데리고 인어의 호수로 갔다. 인어의 호수 수
면에서는 하얀 안개가 모락모락 피어오르고 있었다.

뉴턴은 전원 스위치를 넣었다. 그러자 호수 가장자리에 있는 원형 거
울에서 반사된 빛이 호수 위로 피어 오른 안개로 일제히 향했다. 빨간

빛, 파란 빛, 노란 빛 등 일곱 가지 무지개색 빛이 직선으로 발사되었다. 그 다음 거울이 움직이자 빛이 춤을 추기 시작했다.

"어때, 멋있지? 이만하면 레이저 쇼라고 할 수 있겠니?"

뉴턴이 어깨를 으쓱하며 말했다.

"네, 멋있어요. 방송국 쇼 무대에서 본 것보다 더 멋있어요. 인어의 호수와 어울리니 정말 환상적이에요. 뉴턴 박사님, 정말 대단하세요. 그리고 너무 고맙습니다."

앨리스의 목소리는 기쁨에 들떠 있었다.

"그런데 레이저는 잘 모르신다면서 어떻게 이렇게 멋있는 쇼를 생각해낼 수 있었어요?"

"뭐, 나야 천재니까. 하하. 사실 놀이공원을 만든 후에 할 일이 없어서 그동안 빛에 대한 연구를 하고 있었어. 그래서 레이저 연구도 쉽게 할 수 있었던 거야."

"그런데 레이저 장치는 어떻게 만드셨어요? 처음에 힘들어하시는 것 같아 오래 걸릴 줄 알았는데…."

"응, 나도 처음엔 고민을 많이 했지. 그렇지만 내가 누구야? 나도 왕년엔 발명왕 소리를 들을 정도로 못 만드는 것이 없던 사람이었거든. 여길 봐. 이것이 바로 빛을 발생시키는 레이저야. 서울에서 가져온 자료를 분석해서 만들었지."

"박사님, '레이저' 라는 말의 뜻이 뭐예요? 뜻부터 알았으면 좋겠어요."

"응, 레이저(laser)란 레이저 빛을 발생하는 장치를 말하는데, 원래
는 'Light Amplification by Stimulated Emission of
Radiation'이란 영어의 머리글자를 따서 만든 합성어야. 쉽게 번역하
면, '유도 방출 과정에 의한 빛의 증폭'이란 뜻이지."

뉴턴은 특유의 영국식 딱딱한 영어발음을 섞어가며 레이저의 뜻을
설명했다.

"아~머리야. 번역도 쉬운 말이 아니네요."

"그래? 그러면 용어는 나중에 배우기로 하고, 레이저 빛에 대해서
설명할게. 레이저 빛은 태양이나 전구에서 나오는 빛과는 다른 빛이
야."

"에이~ 빛이면 다 똑같지, 다른 빛이라니요. 그럼 레이저 빛은 빛이
아닌가요?"

"맞아. 레이저 빛도 빛이지. 하지만 한 가지 종류의 파장으로만 된
빛이야. 그래서 프리즘을 통과하거나, 어디에 반사되더라도 언제나 한
가지 색만 나타내지. 하지만 태양이나 전구에서 나오는 빛은 여러 종류
의 빛이 합쳐진 거야."

"태양이나 전구에서 나오는 빛이 여러 가지라고요?"

앨리스는 혼잣말을 하며 골똘히 생각했다.

"아니, 아직 그걸 몰랐니? 그럼 무지개가 일곱 가지 색깔로 나타나는
까닭도 잘 모르겠네?"

본격적으로 레이저 설명에 들어가려던 뉴턴은 주춤하며 앨리스의 얼

굴을 보았다.

"네, 무지개가 왜 여러 색을 나타내는지 잘 몰라요."

"어이구, 이런. 레이저의 원리를 배우기 전에 먼저 무지개가 일곱 가지 색을 나타내는 원리부터 알아야겠구나. 그럼 오늘은 너무 늦었으니, 내일 아침에 연구소로 오거라."

무지개의 비밀을 깨닫다

밤새 레이저의 원리가 궁금했던 앨리스는 다음날 아침 날이 새자마자 뉴턴의 연구소로 달려갔다. 뉴턴은 검은 커튼으로 연구실을 캄캄하게 만들고 있었다. 그리고 작은 구멍을 내어 그곳으로 한 줄기의 태양빛을 들어오게 한 다음, 그 빛을 프리즘에 통과시켰다.

가느다란 빛이 프리즘을 통과하자, 연구소 벽에는 아름다운 일곱 가지 색이 나타났다.

"어머, 예뻐라. 태양빛이 하얀 광선인 줄만 알았는데, 저렇게 아름다운 색을 숨기고 있었네요."

빛의 아름다움에 감동한 앨리스는 박수를 치며 좋아했다.

"그렇지? 정말 아름답지? 태양빛은 이처럼 색을 가진 빛과 또 자외선이나 적외선, 그리고 X-선과 같은 빛으로

이루어져 있어. 이렇게 여러 가지로 섞여 있는 태양빛을 프리즘에 통과
시키면 나누어지지. 이런 것을 나타낸 것을 스펙트럼이라고 해."

뉴턴은 자신이 직접 그린 다음 그림을 보여 주었다.

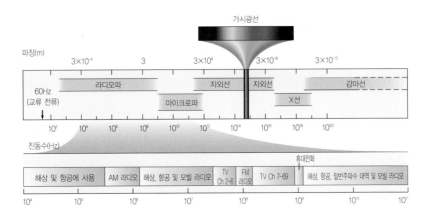

"자, 그러면 무지개가 어떻게 만들어지는지 생각해 볼까?"

뉴턴은 앨리스에게 질문을 던지고, 앨리스가 스스로 뭔가를 생각하
여 대답하기를 기다렸다.

"아~ 맞아요. 무지개는 비가 그친 후에 생기니까, 혹시 공기 중에 있
는 작은 물방울이 프리즘과 같은 역할을 하기 때문이 아닐까요?"

앨리스는 어느새 자신감에 차 있었다.

"그래 맞았어. 비가 온 후에는 공기 중에 작은 물방울이 많이 있지.
그 물방울들이 태양빛을 분산시키는 프리즘 역할을 하여, 무지개 색이
나타나게 만드는 거야."

뉴턴은 그런 앨리스가 대견스러웠다.

"그러면 프리즘을 통과한 후에 나타난 빛을 다시 프리즘에 통과시키면 어떻게 되나요?"

앨리스의 궁금증은 꼬리에 꼬리를 물고 이어졌다.

"그래, 아주 좋은 질문이야. 네가 그런 질문을 할 것 같아 내가 미리 준비를 해놓았지."

뉴턴은 준비한 프리즘 하나를 더 꺼내 무지개색 중 보라색 빛에 갖다 댔다.

"자, 어때. 두 번째 프리즘을 지나갈 때는 빛이 나누어지지 않지? 그건 빛이 첫 번째 프리즘을 통과하면서 이미 나누어졌기 때문이야. 이처럼 하나의 색을 나타내는 빛을 단색광이라 하고, 단색광은 한 종류의 파장만 가진단다."

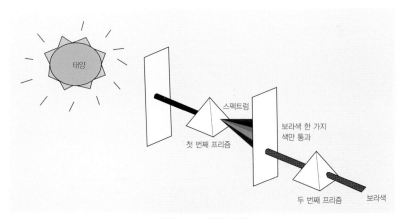

프리즘 두 개로 단색광 만들기

레이저 빛은 어떻게 만들까?

"아, 이제 알겠어요. 그러면 어제 저녁에 본 레이저도 단색광이니까, 파장이 한 종류로만 되어 있겠네요?"

"그렇지, 똑똑하구먼. 하지만 우리가 지금 보는 빛과는 조금 달라. 왜냐하면 레이저 빛은 자연에 존재하는 것이 아니라 사람이 특별한 목적을 가지고 만든 것이기 때문이야."

"그러면 레이저는 어떻게 만들었나요?"

"음, 설명을 하자면 꽤 어려운데, 간단히 설명할게."

잠시 난처한 표정을 짓던 뉴턴은 펜으로 다음과 같은 그림을 그렸다.

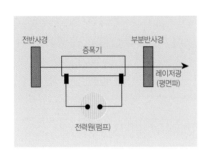

"그림에서 서로 정면으로 바라보고 있는 한 쌍의 거울이 있지? 레이저에서는 거울이 아주 중요한 역할을 한단다. 왼쪽에 있는 거울을 전반사경이라 하는데, 거의 100%에 가까운 반사율을 가진 거울이야. 이 거울은 입사하는 빛을 전부 반사시킨다고 해서 전반사경이라고 부른단다. 그리고 반대쪽에 있는 거울은 부분 반사경이라고 하는데, 들어오는 빛의 대부분은 반사시키지만 일부는 통과시키는 역할을 해."

"그러면 가운데에 있는 장치는 뭐예요?"

앨리스는 손가락으로 그림 중간 부분을 가리켰다.

"증폭기야. 특별한 물질로 채워져 있지. 이것은 마주하고 있는 두 거울 사이를 왕복하는 빛을 점점 더 센 빛으로 만드는 역할을 하고 있어. 여기에 어떤 종류의 물질이 들어 있느냐에 따라 레이저의 종류가 달라져. 기체를 넣으면 기체 레이저라 하고, 액체를 넣으면 액체 레이저라고 하지. 루비와 같은 보석을 넣은 것은 고체 레이저라고 한단다."

"지금 여기에는 루비가 들어 있나요?"

"아니야. 현재 이 증폭기에는 헬륨(He)과 네온(Ne) 가스가 들어 있어. 기체 레이저라고 할 수 있지. 헬륨과 네온 가스가 거울에 반사되어 들어온 빛을 더욱 세게 만들어 주는 거야."

고개를 끄덕이며 그림을 살피던 앨리스는 다시 뉴턴에게 물었다.

"여기에 펌프라고 쓰여 있는 건 또 뭐예요? 물을 끌어올리는 거예요?"

"에구, 물은 무슨 물이야. 레이저에는 물이 필요 없어. 그건 빛이 점점 세어지도록 도와주는 일종의 에너지 공급 장치야. 네가 보는 것처럼 레이저에는 거울, 증폭기, 펌프 세 가지가 가장 기본적인 장치란다."

레이저 쇼는 어떻게 만들까?

"아, 이제 알겠어요. 알고 보니까 어렵지 않네요."

앨리스는 만족스러운 듯 고개를 끄떡였다.

"자, 그러면 우리 인어의 호수로 가서 멋있는 레이저 쇼를 준비할까?"

뉴턴과 앨리스는 레이저 쇼에 필요한 장비를 수레에 잔뜩 실어 인어의 호수 쪽으로 갔다.

"앨리스, 인어의 호수 가장자리를 빙 둘러서 레이저 장치를 설치해라. 알았지?"

"네, 알았어요."

앨리스는 일곱 개의 레이저 발생 장치를 호수 가장자리 곳곳에 설치했다. 뉴턴은 레이저에서 나오는 빛을 여러 각도로 움직이게 하는 거울과 거울을 돌리는 전동기를 무대가 될 잔디 밭 옆에 설치했다. 시간이 한참 지나 날이 조금 어둑해질 무렵, 장비의 설치도 마무리되어가고 있었다.

"그런데요, 뉴턴 박사님. 레이저 빛이 지나가면서 만드는 여러 무늬는 어떻게 만드실 생각이세요? 제가 서울에서 레이저 쇼를 봤을 때 빛이 마치 공간에서 멈춘 듯한 느낌을 받았는데, 빛은 멈추는 것이 아니잖아요?"

앨리스는 마지막 장비를 설치하며 물었다.

"응, 그건 우리 눈이 우리를 속이기 때문에 그런 거야."

뉴턴의 대답은 엉뚱했다.

"눈이 우리를 속인다고요?"

뉴턴은 그렇다며 고개를 끄덕인 후 잔디밭에 풀썩 앉아 가까이에 있는 레이저 장치에 전원을 넣었다.

"잘 봐. 지금 빨간색 레이저 빛이 나가지?"

레이저에서 빨간색 빛이 일직선으로 뻗어 호수 위에 피어오르는 안개에 가서 부딪혔다. 레이저 빛은 가만히 있을 때는 빨간 빨랫줄 같았다. 그러나 잠시 후, 레이저 빛이 원을 그리며 빠르게 움직이기 시작했다.

"자, 지금은 어떻게 보여?"

"처음엔 선과 점으로만 보였는데, 지금은 면이 되고, 입체가 되네요."

"그렇지? 한 점에서 발생한 레이저 빛이 진행되어 나가서 안개에 부딪히면 하나의 선 또는 점으로 보이는데, 이것이 면이나 입체로 보이는 것은 그 빛이 우리 눈의 망막에 들어온 후, 망막에서 일정 시간 동안 잔상으로 남기 때문이야. 우리 눈의 망막에서는 먼저 본 빛과 지금 본 빛이 함께 인식되기 때문이다. 그래서 레이저 빛이 빠른 속도로 돌면 사람의 눈에는 하나의 원으로 보이는 거야."

뉴턴 박사의 과학 특강 **12** 레이저 쇼의 원리

레이저 빛이 인어 호수의 물안개에 부딪히면 지나간 흔적이 남아 우리 눈에 보이는데, 이것은 영화관의 스크린에 화면이 나타나는 원리와 비슷하다. 레이저 쇼에서 볼 수 있는 다양한 무늬는 다음과 같은 원리로 만들어진다.

먼저 축에 비스듬히 회전하는 거울에 레이저 빛을 비추면, 거울이 회전하는 속도에 따라 원 무늬가 나타난다.

좀더 복잡한 무늬를 만들기 위해서는 전동기를 단 제2거울을 설치한다. 제1거울에서 반사된 레이저 빛으로 만든 무늬를 제2거울에 비춘 후, 다시 제2거울을 적절한 각도와 빠르기로 회전시키면 다양한 무늬를 만들 수 있다.

이와 같은 원리로 방송국이나 대형 스포츠 쇼와 같은 곳에서 다양한 레이저 쇼를 하는데, 최근에는 컴퓨터를 이용하여 더욱 화려하고 멋진 쇼를 할 수 있다.

아쉬운 작별의 시간

다음 날 저녁, 인어의 호수 옆 잔디밭에는 네버랜드에 사는 사람들이 모두 모였다. 피터 팬과 소년들, 피쿠니네 부족의 공주 타이거 릴리와 그의 아버지 위대한 리틀 팬더 그리고 인디언들, 또 인어의 호수에 사는 인어들 모두가 앨리스와 뉴턴과의 이별을 아쉬워하며 포옹을 하며 인사를 나누었다.

잠시 후 인디언들이 두드리는 웅장한 북소리와 함께 레이저 쇼가 시작되었다. 인어의 호수 가장자리에서 일제히 일곱 빛깔 무지개색의 레이저 빛이 솟아올랐다. 그 빛들은 회전하는 거울에 부딪힌 후, 인어의 호수의 안개에 부딪혀 갖가지 모양을 그리며 춤을 추기 시작했다. 팅커벨은 춤추는 듯이 화려하게 움직이는 레이저 빛 사이를 날아다니며 아름다운 모습을 연출했다.

물안개를 스크린으로 삼아 레이저 빛은 피터 팬이 해적 후크를 무찌르는 장면, 타이거 릴리가 멋진 춤을 추는 장면을 만들다가 마지막으로 앨리스의 얼굴을 예쁘게 그렸다.

무리 중 누군가가 레이저로 그린 앨리스의 얼굴을 향해 "앨리스, 잘가!"라고 외치자 함께 있던 사람들 하나 둘씩 손을 흔들며 "몸 건강

해.”라며 앨리스에게 하고 싶었던 인사를 했다. 어느새 그곳에 모인 네버랜드 사람들은 앨리스와 뉴턴을 가운데 두고, 손에 손을 잡고 원을 만들었다. 그리고 석별의 노래를 불렀다. 앨리스의 두 눈에선 눈물이 흘렀다.

“여러분, 나중에 꼭 다시 올게요. 완전히 헤어지는 거 아니니까 너무 슬퍼하지 마세요.”

앨리스는 눈물을 닦으며 친구들을 향해 손을 흔들었다.

무리 속에서 피터 팬이 나와 앨리스의 손을 꼭 잡았다. 그러고는 하늘 높이 올랐다. 앨리스는 언제 다시 볼지 모를 네버랜드의 아름다운 야경을 한없이 바라보았다.

‘안녕, 네버랜드. 안녕, 친구들아.’

앨리스는 몇 번이고 속으로 같은 말을 되씹으며 언젠가 꼭 다시 오리라 결심했다.

얼마나 시간이 흘렀을까. 앨리스는 어두컴컴한 곳에 혼자 서 있다는 것을 깨달았다. 마치 끝이 보이지 않는 동굴 같았다. 주변을 두리번거리고 있는 앨리스의 등을 누군가가 탁 때렸다.

“애, 앨리스 어디에 있었니? 한참을 찾았잖아. 어서 나가자. 너 때문에 다음번 손님들이 못 들어오고 있어. 부끄러워서 어떻게 나갈래?”

진주였다. 그 뒤로 지영이와 유미가 차례로 나타났다. 그제서야 앨리스는 자신이 있는 곳에 놀이공원의 귀신의 집이라는 것을 알았다.

친구들은 대체 여기 서서 뭘 했냐며 앨리스에게 물었지만, 앨리스는 네버랜드의 일을 친구들에게 얘기하고 싶지 않았다. 그 짧은 시간에 그렇게 많은 일이 일어났다는 것, 피터 팬과 함께 날고, 팅커벨을 만나고, 타이거 릴리를 만난 일 등을 이야기한다 해도 친구들은 믿지 못할 것이며, 그리고 앨리스도 왠지 이야기하고 싶지 않았다. 앨리스는 자신만이 아는 사춘기의 영원한 비밀이자 추억으로 간직하겠다고 다짐했다.

"야, 어서 나가자. 나가서 먼저 아이스크림부터 사 먹고, 신나게 놀자. 바이킹도 타고, 롤러코스터도 타고, 회전목마도 타야지."

앨리스는 수다스럽게 친구들을 이끌고 귀신의 집을 앞서 나갔다. 그러고는 친구들이 우르르 나가는 틈을 타 귀신의 집을 향해 작게 손을 흔들었다.

'피터 팬, 다음번에도 꼭 날 찾아 와줘.'

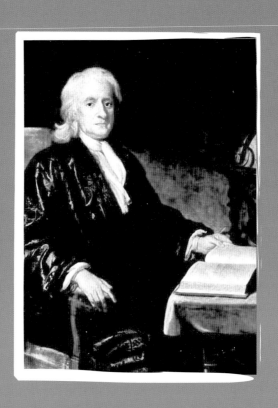

책 밖 뉴턴 이야기

생활 속에 숨어 있는 뉴턴의 과학

　　뉴턴의 과학은 어떤 특정 한 분야에 적용되는 과학이 아니라, 움직이는 것에 모두 해당되는 과학이다. 사람이 걸어 다니는 일에서 시작하여, 자전거를 타고 시골길을 달리거나, 자동차를 타고 고속도로를 달리는 일에서 뉴턴의 과학을 찾아 볼 수 있다. 뿐만 아니라 우주선을 타고 달 나라에 가는 일이나 인공위성이 지구 궤도를 도는 데에도 뉴턴의 과학은 응용되고 있으며, 나아가 우주 전체가 움직이는 일도 뉴턴의 과학으로 설명이 가능하다. 따라서 우리 생활 속에 숨어 있는 뉴턴의 과학을 이야기하는 것은 그 범위가 매우 넓고 다양하여 모두 말하기가 어렵다. 따라서 자전거, 자동차, 인공위성 등 우리 생활에 밀접한 것들로 대표적인 것만 몇 가지 골라서 살펴보자.

1. 자전거 속에 숨어 있는 뉴턴의 과학

관성의 법칙 – 뉴턴의 운동 제1법칙

자전거를 타 본 적이 있는 사람이라면 지금부터 말하는 것을 한 번쯤은 느껴 보았을 것이다. 지금부터 자전거를 타고 있다고 생각하고 이 글을 읽어보자.

먼저 자전거를 타고 높은 언덕을 내려온 후, 평지를 달릴 때 우리는 페달을 밟지 않는다. 자전거 페달을 돌리지 않아도 자전거가 움직이기 때문이다. 이것은 관성 때문이다. 관성이란 정지해 있는 물체는 계속 정지해 있으려 하고, 움직이는 물체는 계속 움직이려고 하는 성질을 말한다.

만약 자전거 바퀴와 땅바닥에 마찰이 없고, 공기의 저항이 없다면 그 자전거는 지구 끝까지 굴러갈 것이다.

이러한 일은 우리 생활 속에서 얼마든지 경험할 수 있다. 버스를 타고 있을 때, 버스가 갑자기 출발하면 우리는 뒤로 넘어지려는 힘을 받는다. 반대로 달리던 버스가 갑자기 멈추면 갑자기 앞으로 고꾸라지려는 힘을 받는다. 이것은 버스는 움직이지만 버스를 타고 있는 우리는 원래의 운동을 유지

하려는 관성을 가지고 있기 때문에 일어나는 현상이다. 다시 말해 버스는 앞으로 가는데 우리는 제자리에 서 있으려 하는 관성 때문에 뒤로 넘어지는 것이며, 버스는 가다가 정지하려 하는데 우리는 계속 앞으로 가려는 관성을 가지고 있기 때문에 앞으로 고꾸라지는 것이다.

태양 둘레를 공전하고 있는 지구가 수십억 년 동안 변함없이 공전하는 일이나 자전하는 것도 모두 관성 때문이다. 태초에 태양계가 생길 때부터 시작한 공전과 자전이 관성 때문에 아직도 유지되고 있는 것이다. 뉴턴은 이를 움직이는 물체가 가지는 특성으로 '관성의 법칙'이라고 했고, 뉴턴이 최초로 말한 운동 법칙이라고 하여 뉴턴의 운동 제1법칙이라고도 한다.

가속도의 법칙 – 뉴턴의 운동 제2법칙

학교 운동장에서 친구와 함께 누가 더 빨리 달리는가를 겨루기 위해 자전거 경주를 한다고 생각해보자. 자전거가 빨리 달린다는 것은 속도가 빠르다는 말이고, 속도는 가속도가 클수록 점점 빨라지는 것이다.

운동장에서는 자전거 바퀴와 땅이 마찰을 일으키고 공기의 저항이 있기 때문에, 힘을 계속 주지 않으면 자전거의 속도는 점점 느려지다가 결국에는 정지한다. 따라서 친구와의 자전거 경주에서 지지 않으려면 열심히 페달을 움직여야 한다. 다시 말해 힘을 주어 바퀴를 돌려야 한다. 그러면 속도가 점점 빨라지는데, 가속도가 붙었기 때문이다.

이처럼 운동하는 물체의 속도를 빠르게 하려면 힘을 주어 가속도를 높여야 한다. 뉴턴은 운동하는 모든 물체에서 속도가 빨라지는 것은 힘을 주기 때문이라고 생각했고, 이를 가속도의 법칙이라고 하여 F=ma 라는 간단한 식으로 표현했다. 이 식에서 F는 힘, m은 질량, a는 가속도이다. 즉 가속도는 주어진 힘에 비례하고, 질량에는 반비례한다.

예를 들어 똑같은 힘을 가진 두 어린이가 똑같은 질량을 가진 자전거를 타고, 똑같은 속도로 같은 조건의 장소에서 자전거 경주를 한다고 할 때, 만약에 A어린이가 B어린이보다 질량이 두 배 더 나간다면 어떻게 될까?

F=ma라는 식으로 생각하면 답은 간단하다. A, B 두 어린이가 힘은 같으나, 질량이 A어린이가 B어린이보다 두 배 더 나가기 때문에 A어린이의 자전거 속도는 B어린이의 자전거 속도보다 두 배 느리다는 결론에 이른다. 왜냐하면 속도의 변화량, 즉 가속도는 힘에 비례하고, 질량에 반비례하기 때문이다. 만약

에 두 어린이가 질량이 같다고 할 때는 페달을 밟아주는 힘에 따라 가속도는 달라질 것이다.

작용과 반작용의 법칙 – 뉴턴의 운동 제3법칙

이번에는 마찰이 거의 없는 얼음판 위에서 자전거를 탄다고 생각해 보자. 자전거 페달을 아무리 열심히 굴려도 자전거는 생각만큼 쉽게 달리지 못한다. 반대로 달리던 자전거의 브레이크를 잡으면 쉽게 멈추지 못한다. 이것은 자전거 타이어와 얼음이 서로 만나는 곳에서의 힘의 작용 때문에 일어나는 일이다.

자전거가 앞으로 나아갈 수 있는 것은 자전거의 타이어가 돌면서 땅을 뒤로 밀어내기 때문이다. 자전거 타이어가 땅을 미는 것을 작용이라고 한다면, 땅이 자전거 타이어에 작용하는 힘은 반작용이다. 타이어가 땅을 미는 작용의 크기만큼 땅은 타이어에 반작용을 하는데 이러한 작용 때문에 자전거는 앞으로 갈 수 있다. 그런데 얼음판 위에서는 이런 일이 쉽게 일어나지 않는다.

뉴턴은 움직이는 물체 사이에서 발생하는 이러한 상호 작용을 '작용과 반작용의 법칙'이라고 했다. '어떤 물체가 다른 물체에 힘을 주면(작용), 자신도 그 힘과 크기는 같고 방향은 반대

인 힘을 그 물체로 받게 된다(반작용).'고 했다.

따라서 작용과 반작용의 법칙으로, 얼음판 위의 자전거가 쉽게 달리지 못하는 까닭을 쉽게 설명할 수 있다. 즉, 타이어가 얼음판에 작용을 잘하지 못하기 때문에, 반작용도 제대로 받지 못해 앞으로 잘 나가지 못하는 것이다. 이것은 우리가 얼음판 위에서 뛸 때에도 같은 원리로 적용된다.

2. 자동차 속에 숨어 있는 뉴턴의 과학

커브 길을 달릴 때 옆으로 기울어지는 까닭

가족과 함께 자동차를 타고 강원도의 고불고불한 고갯길을 달리고 있다고 생각해보자. 고갯길을 돌 때, 우리는 자동차가 도는 방향의 바깥쪽으로 밀려나는 힘을 받을 것이다. 이 힘은 누가 밀어서도 아니고, 스스로 움직이지도 않았는데 저절로 생기는 힘이다. 이 힘의 정체는 무엇일까?

뉴턴의 운동 제1법칙, 즉 관성의 법칙에 의하면 직선으로 움직이는 물체는 계속 직선으로 달리고 싶어 한다. 즉 아버지(운전자)가 고갯길에서 핸들을 돌려서 자동차의 방향을 바꾸어도, 그 안에 타고 있는 다른 가족들은 여전히 직선으로 가려고 하는 성질을 가지고 있다. 그러므로 자동차가 도는 방향의 바깥쪽, 즉 원래 자동차가 직진했을 때의 방향으로 운동하려는 성질을 받는 것이다. 이 관성 때문에 우리는 자동차가 도는 방향의 바깥쪽으로 움직이는 힘을 가지는 것이다. 안전벨트를 매었

다면 자동차가 도는 방향으로 안전벨트가 잡아당기는 힘을 느낄 것이다. 이렇게 바깥쪽으로 나아가려는 힘을 원심력이라 하며, 안전벨트가 잡아당기는 힘은 구심력에 해당한다. 구심력과 원심력은 힘의 크기는 같고, 방향은 반대이다.

충돌 사고 때 소형차가 더 멀리 튕겨나가는 까닭

우리는 가끔 TV 뉴스를 통해 자동차들이 충돌한 사고 현장을 보게 된다. 크기가 다른 자동차들이 정면충돌했을 때는 소형차가 대형차보다 더 멀리 튕겨나가 있는 것을 보았을 것이다. 과학자들의 말에 따르면, 소형차와 대형차가 서로 부딪힐 때 받는 충격량은 같다고 하는데, 왜 소형차가 더 멀리 튕겨나가는 것일까? 이것도 뉴턴의 과학으로 설명할 수 있을까?

　뉴턴의 운동 제2법칙, 즉 가속도의 법칙에 의하면 힘은 질량에 가속도를 곱한 값이다. 그리고 힘에 작용 시간을 곱한 값은 충격량이고, 속도는 가속도에 시간을 곱한 값이므로, 결론적으로 충격량은 질량에 속도를 곱한 값이 된다.(이 부분은 고등학교 과학 시간에 배우는 내용으로, 좀 어렵지만 설명을 위해 우선 결과만 다루겠다.)

　이것이 의미하는 것은 같은 충격량을 받더라도 물체의 질량에 따라

속도가 달라진다는 것이다. 따라서 소형차와 대형차가 서로 부딪히면, 충격량은 같지만 물체의 질량에 따라 속도가 달라진다. 즉, 질량이 무거운 물체는 속도가 느리고, 질량이 가벼운 물체는 속도가 빠르다. 이 말은 소형차가 대형차보다 더 빨리 움직인다는 것이고, 결론적으로 더 멀리 튕겨나가거나 아니면 더 크게 부서진다는 의미이다.

자동차 브레이크 능력에 한계가 있는 이유는?

값비싼 자동차를 비교할 때, 얼마나 짧은 시간에 가장 빠른 속도를 낼수 있는가를 따진다. 그래서 고속도로를 달리다 보면, 값이 많이 나가는 좋은 차일수록 속도를 빨리 내어 앞 차를 금방 따라 잡을 수 있는 것이다.(그러다 가끔 경찰에게 붙들리기도 하지만 말이다.)

그렇다면 좋은 차일수록 브레이크 성능도 좋을까? 비싼 차일수록 짧은 시간에 빨리 멈출 수 있는 것일까? 그런데 자동차 광고를 할 때, 이런 이야기는 없다. 그 이유는 사람에게 있기 때문이다.

앞에서 달리는 물체는 앞으로 나아가려는 관성을 가진다는 말을 했는데, 자동차의 운전자에게도 그것이 적용된다. 따라서 자동차의 브레이크 성능은 한계를 가질 수밖에 없다. 아무리 급하게 차를 세울 수 있다 하더라도 그때 생기는 관성의 힘을 사람이 견딜 수 있어야 하기 때문이다.

우주선을 타고 지구 밖을 나가는 우주 비행사들은 아주 오랜 기간 힘든 훈련을 받는다. 우주 비행사가 지구 밖을 나갈 때에는 지구 중력의 몇 배에 해당하는 몸을 짓누르는 힘을 받기 때문에, 그 힘을 몸이 이길 수 있도록 훈련을 받는 것이다.

자동차를 타고 달리는 사람들도 같은 원리로 운동 반대 방향의 힘을 받는다. 다만 자동차의 속도가 우주선의 속도보다 훨씬 느리기 때문에 크게 느끼지 못할 뿐이다.

하지만 브레이크를 밟을 때는 안전벨트에 의해 그 힘을 느끼게 된다. 과학자들의 계산에 따르면, 49.6m/초의 속도로 출발한 자동차가 1G(G는 지구가 잡아당기는 중력의 크기)의 힘으로 브레이크를 작동시키면 1초 후에는 속도가 9.8m/s가 되고, 2초 후에는 속도가 0이 되어 제자리에 딱 멈춘다고 한다. 이 정도의 힘으로 자동차가 멈춘다면 자동차는 멈출 수 있다 하더라도 자동차 안에 있는 물체들은 모두 앞 유리창 밖으로 튕겨나갈 것이다. 만약 안전벨트로 몸을 고정시켰다면 안전벨트에 짓눌려 몸이 크게 상처를 입을 수 있다(이 때문에 에어백을 사용하는 것이다).

이러한 이유로 자동차를 설계할 때 최대 제동력을 제한한다. 사람이 감당할 수 있는 최대 제동력은 0.6~0.8G에 해당한다고 하는데, 일반적으로 자동차의 브레이크 제동력은 0.2G 정도로 한다. 만약에 자동차가 0.8G의 제동력으로 정지하면 체중이 72kg인 사람은 안전벨트로부터 58kg의 질량으로 누르는 힘을 순간적으로 받게 되는데, 그 크기는 약 568N으로 엄청난 충격을 줄 수 있는 힘이다. 인체 역학적으로 운전자가 견딜 수 있는 힘은 142N이 가장 적당하고 이 때문에 자동차의 제동력을 0.2G로 하는 것이다.

물론 0.8G의 제동력으로 자동차를 정지시키면 1초마다 약 8m씩 속도가 감소하여 훨씬 빨리 설 것이고, 0.2G의 제동력으로 자동차를 정지시키면 1초마다 약 2m씩 속도가 감소하여 훨씬 늦게 서지만, 사람을 보호하기 위해서 제동력이 0.2G인 브레이크를 만드는 것이다.

3. 인공위성 속에 숨어 있는 뉴턴 과학

인공위성은 어떻게 쏘아 올릴까?

우리나라도 여러 대의 인공위성을 보유하고 있다. 최근에 발사하는 인공위성은 우리나라에서 설계하고 제작한 것이라고 한다. 하지만 아직도 인공위성을 싣고 발사하는 로켓은 우리의 힘으로 제작하지 못하고 있다. 물론 군사적인 이유로 로켓 개발을 제한받고 있기는 하지만, 로켓을 만드는 일은 과학적으로도 쉬운 일이 아니다.

지구 궤도를 돌며 여러 가지 일을 하는 인공위성은 크기가 작아야 하기 때문에 인공위성 자체에 연료 탱크를 싣고 거대한 발사 엔진을 달지 않는다. 이러한 이유로 인공위성을 실어 나르는 로켓이 필요하다.

로켓의 발사 원리는 아주 단순하다. 고무풍선에 바람을 잔뜩 불어 넣고 가만히 두면 공기가 빠져 나오면서 앞으로 날아가는 것과 같다. 이것은 뉴턴의 운동 제3법칙인 작용과 반작용의 법칙에 따른 것이다. 풍선에서 공기가 뒤로 빠져 나오는 것을 작용이라고 하면, 반대 방향으로 풍선이 날아가게 하는 것은 반작용이다.

로켓도 이런 단순 원리로 움직인

다. 로켓은 공기 대신에 연료를 연소시켜 발생하는 많은 양의 가스를 좁은 통로로 내보내면서 앞으로 나아간다. 다만 크기와 무게가 달라 제작이 어려울 뿐이다.

인공위성은 왜 밑으로 떨어지지 않을까?

지구 궤도를 돌고 있는 인공위성들은 왜 지구로 추락하지 않고 계속해서 지구 궤도를 돌 수 있는 것일까?

이렇게 질문하면 어떤 이들은 지구 밖은 무중력 상태라서 그렇다고 쉽게 대답하는데, 그것은 틀린 답이다. 왜냐하면 인공위성은 끊임없이 지구의 중력을 받고 있고, 그 중력 때문에 지구를 중심으로 공전 운동을 하기 때문이다.

인공위성이 지구 둘레를 도는 원리를 가장 잘 설명한 사람이 바로 뉴턴이다. 뉴턴은 사과가 지구로 떨어지는 것을 보고 만유인력의 법칙을 발견한 후, 달은 왜 지구로 떨어지지 않는 것일까를 고민하면서 그 답을 알아내었다.

뉴턴은 《프린키피아》라는 책에서 달이 지구로 떨어지지 않는 까닭을 설명했는데, 달의 운동을 지상의 높은 산에서 발사한 포탄의 운동에 비유하여 생각했으며(뉴턴이 높은 산을 택한 것은 산꼭대기는 공기 밀도가 희박하여 공기 저항을 무시할 수 있다고 생각했기 때문이며, 사람들은 이 산을 '뉴턴의 산'이라고 부른다.) 그 부분을 요약하면 다음과 같다.

먼저, 산에서 발사한 포탄의 수평 방향의 속도가 작다면 어떻게 될

뉴턴의 산(Newton's Mountain)

까? 포탄은 그림에서 보는 것처럼 포물선을 그리면서 날아가다가 얼마가지 않아 지면(D나 L지점)과 충돌할 것이다.

이번에는 포탄의 수평 방향의 속도를 조금 더 빠르게 한다면 어떻게 될까? 포탄이 그리는 포물선 곡선은 완만해지면서 포탄은 좀더 먼 곳(F 지점)에 떨어질 것이다.

그렇다면 포탄의 수평 방향의 속도를 충분히 빠르게 한다면 어떻게 될까? 충분히 빠른 속도로 발사된 포탄은 지구를 중심으로 원운동을 하게 될 것이다. 단, 이때 포탄의 속도를 떨어뜨리는 공기 저항이 없어야 한다. 그래서 뉴턴은 아주 높은 산을 택한 것이다.

결론적으로 뉴턴은 아주 높은 산꼭대기에 대포를 설치하여 포탄을 발사할 경우 처음 발사 속도가 어떤 일정한 값에 도달하면 포탄은 지상에 낙하하지 않고 지구 주위를 계속 비행한다고 생각했다. 그는 간단한 계산으로 이 속도가 초속 약 8km임을 알아내었다.

다시 말해 뉴턴은, 대포에서 8km/초의 속도로 발사된 포탄은 인공위성처럼 영구히 지표면에서 떨어지지 않고 지구를 중심으로 공전 운동을 할 수 있다는 것을 밝힌 것이다.

그런데 만약에 지구가 중력으로 인공위성을 잡아당기지 않는다면 어떻게 될까?

　이렇게 될 경우 인공위성은 궤도 운동을 하지 못하고 직선 방향으로 튕겨나갈 것이다. 마치 긴 줄에 돌멩이를 매달고 돌리다가 손을 놓으면 돌이 멀리 튕겨나가는 것처럼 말이다. 따라서 인공위성이 궤도 운동을 하는 것은 만유인력, 즉 중력 때문이다. 이 원리는 달에도 그대로 적용되고, 태양을 중심으로 지구가 도는 것도 같은 원리로 설명할 수 있다.

뉴턴과의 가상 인터뷰

뉴턴의 어린 시절

앨리스 뉴턴 박사님, 이렇게 인터뷰에 응해 주셔서 감사합니다. 먼저 박사님의 어린 시절이 궁금한데요, 행복하지 못하셨다는 이야기가 사실인가요?

뉴턴 저는 1642년 12월 25일, 영국 동부의 울즈소프(Woolsthorpe)라는 작은 시골 마을에서 태어났습니다. 아버지는 제가 태어나기 전에 돌아가셨고 어머

뉴턴의 초상

니는 제가 세 살 되던 해에 이웃마을 목사님과 재혼을 하셨지요. 저는

외갓집에서 부모님 없이 어린 시절을 보냈답니다. 그래서인지 성격이 내성적이었고, 혼자 놀고 공부하면서 지냈지요. 어머니가 보고 싶을 때면 집 앞 큰 나무 위에 올라가서 건너 마을의 교회를 쳐다보곤 했습니다.

앨리스 어린 나이에 마음의 상처가 많았겠어요. 그럼 학교생활은 어떠셨어요? 소문에 학교 공부를 그렇게 열심히 하지 않으셨다고 하던데요?

뉴턴 한때 그랬지요. 학교 공부보다는 혼자서 뭘 만들고 책을 읽으며 지내는 것이 더욱 좋았어요. 그래서 성적이 좋지 않았어요. 거의 꼴찌 수준이었죠. 하지만 학교 친구와 한 번 크게 싸우고 난 후에는 열심히 공부했어요. 왜냐하면 내가 싸움에서 그 친구를 이겼지만, 공부에서도 져서는 안 되겠다고 생각했기 때문이에요. 덕분에 킹즈 스쿨 초등학교를 2등으로 졸업했어요. 그때부터 저는 열심히만 하면 뭐든지 할 수 있다는 자신감이 생겼지요.

앨리스 박사님은 어릴 때 발명왕이라는 소리도 들으셨다는데, 뭘 그렇게 많이 만드셨나요?

뉴턴 이것저것 많이 만들었어요. 생쥐가 돌리는 작은 물레방아도 만들고 물시계도 만들었어요. 특히 밤에 꼬리에 등을 달아 날리는 연을 만들었는데, 사람들이 그걸 보고 도깨비불이라고 놀라기도 했지요. 하지만 제가 만든 발

연에 등불을 달아 봐야지.

명품 중에서 해시계가 으뜸이었어요. 마을 사람들이 내가 만든 해시계를 보고 시간을 맞추기도 했으니까요.

케임브리지 대학에 가기 위해 사고를 치다

앨리스 박사님 어머니께서는 박사님을 농사꾼으로 만들기 위해 일부러 대학교에 보내지 않으려고 하셨다던데, 정말 그러셨어요? 요즘 세상에서는 상상할 수 없는 일이거든요.

뉴턴 그랬어요. 저희 어머니는 새 아버지로부터 제법 넓은 땅을 유산으로 물려받으셨는데, 제가 그 땅을 관리하기를 원하셨어요. 저를 당신 곁에 두고 농사꾼으로 만들려고 하셨지요. 하지만 저는 농사보다 공부가 더 좋았어요. 그래서 머리를 굴렸어요. 어머니가 시키는 일을 일부러 하지 않고 사고를 쳤던 거예요. 예를 들면 어머니가 양을 돌보라고 하시면, 일부러 양들을 아무렇게나 풀어 놓았어요. 그래서 한 번은 양들이 이웃 사람의 채소밭에 들어가 채소를 다 먹어치우는 바람에 이웃 사람과 어머니가 크게 다투셨어요. 그리고 농작물을 팔아 농기구를 사오라고 심부름을 시키셨을 때는 마차를 팽개치고 옛날 하숙방에 틀어 박혀 하루 종일 책만 읽었죠. 결국 어머니는 저를 포기했고, 저는 주위 사람의 도움을 받아 케임브리지 대학교에 입학할 수 있었어요.

케임브리지의 '공부벌레'

앨리스 어머니도 대단하셨지만, 박사님이 한 수 위셨군요. 그러면 지금부터 대학 시절에 대해 질문하겠습니다. 집에서 경제적인 지원을 하지 않아 고생을 많이 하셨다고 들었어요. 그때 기억나는 일들을 이야기해주세요.

뉴턴 고생을 참 많이 했지요. 어머니는 돈이 있으셨지만 제가 당신이 원하지 않는 대학 공부를 했기 때문에 도움을 주지 않으셨어요. 늘 아르바이트를 하면서 학비와 생활비를 벌어야 했어요. 안 해 본 일이 없었죠. 학교 식당에서 접시 닦는 일도 해보았고 새벽 예배에 늦지 않도록 친구나 선배들을 깨워 주는 일 등도 했어요. 그리고 나중에 새아버지가 남긴 유산을 조금 받았을 때는 그 돈으로 친구들에게 이자 놀이를 하기도 했어요. 이 일은 특별연구원이 되어 장학금을 받을 때까지 계속했지요.

앨리스 대학교를 다닐 때에는 '공부벌레'라고 소문이 날 정도로 정말 열심히 공부를 하셨다던데, 얼마만큼 열심히 하셨기에 그런 소문이 퍼졌

어요?

뉴턴 네 그런 소문이 났었죠. 전 시골뜨기라
는 말을 듣지 않으려고 열심히 공부했어요.
케임브리지 대학교는 영국 전역에서 내로
라하는 수재들이 모여 공부하는 곳이었지
만 전 누구에게도 지고 싶지 않았어요. 그
건 제 자존심이 용납할 수 없는 일이었지
요. 전 하루 종일 도서관에서 책과 씨름을

데카르트(1586~1650). 프랑스의 수
학자, 철학자로 근대 철학의 아버지
로 불린다.

했고, 시간이 나면 실험실에 파묻혀 살았어요. 데카르트라는 철학자가
지은 《방법 서설》이라는 책을 읽을 때는 그 내용을 이해할 때까지 읽고
또 읽었지요. 저는 스스로 깨치며 공부하는 스타일이었거든요. 또 저는
옛날 고전에서 만나는 위대한 철학자들이나 과학자들의 이야기에 큰
흥미를 가지고 있었어요. 그 속에서 진리를 발견할 수 있었거든요. 그래
서 노트에, "플라톤은 나의 친구다. 아리스토텔레스도 나의 친구다. 그
러나 진리야말로 누구보다도 소중한 나의 친구다."라는 말을 써 놓고
날마다 되새겼지요. '공부벌레'라는 별명은 제가 다녔던 대학의 존 노
스 학장님이 붙여준 것이었어요. 그 분은 제게 "뉴턴 자네는 아마 공부
하다가 죽을 거야."라고 말씀하셨지요.

앨리스 공부하는 것이 즐거웠다는 박사님의 말씀은 이해가 되지 않지만,
정말 열심히 하신 것만은 틀림없는 사실인 것 같네요. 저는 박사님이 태
어날 때부터 뛰어난 머리를 가진 천재라서 그런 줄 알았는데, 얘기를 들

고 보니 남다른 노력이 있었기 때문에 훌륭한 과학자가 되셨다는 것을 알게 되었습니다.

뉴턴 그렇지요. 아무리 대단한 천재라도 노력을 하지 않으면 목표한 바를 이룰 수가 없어요. 그러니까 앨리스 양도 훌륭한 과학자가 되려면 남보다 몇 배 더 노력을 해야 해요.

앨리스 네, 잘 알겠습니다.

'생각의 샘'

앨리스 박사님은 무엇이든지 일단 노트에 기록하는 습관을 가졌다고 들었습니다. 그래서 어떤 사람은 박사님을 보고 '위대한 메모광'이라고도 했다면서요?

뉴턴 이것이 바로 제 노트입니다. '생각의 샘'이라는 이름이 붙은 노트지요. 저는 하나에서 열까지 내 머릿속에 떠오르면 일단 이 노트에 적었어요. 내가 공부할 것들, 내가 잘 모르는 것들, 앞으로 연구해야할 것들, 심지어 친구에게 빌려 준 돈과 이자까지 꼼꼼히 적었지요.

앨리스 저희 아버지도 제게 매일 노트를 잘하는 것이 중요하다고 잔소리

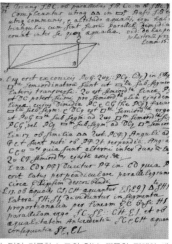

뉴턴이 기록한 노트의 일부. 깔끔한 필체와 세밀한 그림이 돋보인다.

를 하세요.

뉴턴 그건 잔소리가 아니에요. 아주 중요한 말씀이죠. 위대한 예술가 레오나르도 다 빈치도 지독한 메모광이었다고 해요. 그는 다른 사람이 알아보기 힘들게 왼손으로, 그것도 반대 방향으로 메모를 했다고 해요. 그의 노트를 보면 그가 날마다 무슨 생각을 했는지 알 수 있어요. 저도 '생각의 샘' 덕을 톡톡히 봤어요. 그 노트는 제 분신과도 같았어요.

기적의 해

앨리스 과학자들은 1666년부터 1667년까지를 '기적의 해'라고 합니다. 박사님이 고향 울즈소프에 내려가 위대한 과학 업적을 많이 세운 해이기 때문이지요. 그런데 그때 왜 고향에 내려가 계셨어요?

뉴턴 1666년 무렵 영국의 런던에서는 흑사병이 유행했어요. 페스트라고도 하는 병인데, 쥐로 인해 발생하는 지독한 전염병으로 아주 많은 사람들이 죽었지요. 케임브리지 대학교도 문을 닫고, 사람들이 모두 런던을 빠져 나갔어요. 저는 고향인 울즈소프에 갔는데, 거기서 있던 2년 동안이 충분한 사색과 연구를 할 수 있는 시간이 되었지요.

앨리스 울즈소프에서 만유인력의 법칙을 발견하셨다고 하던데요?

뉴턴 저는 그곳에서 만유인력과 빛의 특성에 대한 연구를 했어요. 어느 날, 집 앞에 있는 사과 농장의 벤치에 앉아서 깊은 생각에 빠져 있었는데, 내 발 앞으로 사과가 툭 하고 떨어지는 것이 아니겠어요? 그때 저는 사과가 떨어지는 것은 지구와 사과가 서로 끌어당기기 때문이라고 생

각했고, 그 힘은 지구와 사과 사이에만 있는 것
이 아니라 이 세상에 존재하는 모든 물질 사
이에 존재하는 힘이라는 것을 깨달았어요.
지구가 달을 끌어당기고, 태양이 지구를
끌어당기듯이 우주에 있는 모든 천체가
서로 중력에 이끌리고 있다는 생각으로
만유인력이라는 이름을 붙였죠. 저는 나
중에 만유인력에 대해 더 많은 연구를 한
후, 우주가 움직이는 원리를 법칙으로 밝혔

어요. 그것이 바로 그 유명한 '만유인력의 법칙' 이지요.

앨리스 그리고 또 무슨 연구를 하셨나요?

뉴턴 빛에 대한 연구를 했어요. 시장에서 산 프리즘에 햇빛을 통과시켰

더니 일곱 가지 무지개 색으로 나누어지
는 것을 발견하고 빛이 여러 종류의 광선
으로 이루어졌음을 깨달았지요. 뿐만 아
니라 수학에서 미적분법의 기본이 되는
개념을 만들었어요. 나중에 독일의 천재
수학자 라이프니츠도 비슷한 것을 만들었
다는 이야기를 들었는데 방법이 조금 달
랐지요.

빛을 연구하는 뉴턴. 빛을 과학적인
방법으로 연구한 것은 뉴턴이 처음이
었다.

앨리스 듣고 보니 모두 굉장한 발견들이었

네요. 과학자들이 '기적의 해'라는 말을 붙였던 까닭을 알겠어요.

케임브리지의 교수가 된 뉴턴

앨리스 케임브리지 대학교의 특별연구원이 되었다는 소식은 언제 들으셨나요?

뉴턴 흑사병이 잠잠해져 다시 케임브리지 대학교로 돌아온 것이 1667년 가을이었는데, 얼마 있지 않아 특별연구원 자격시험에 통과했어요. 특별연구원이 된 이후 저는 평생 케임브리지 대학교에서 공부를 할 수 있는 자격을 얻었어요. 뿐만 아니라 장학금을 받게 되어 경제적인 걱정 없이 공부를 하게 되어 너무 좋았지요.

앨리스 그랬군요. 참, 박사님께서는 젊은 나이에 케임브리지 대학교 교수가 되셨다고 하던데, 그 비결이 뭐였어요?

뉴턴 음, 스물일곱 살에 케임브리지 대학교의 수학 교수가 되었으니, 당시로는 아주 획기적인 일이었어요. 그런데 제가 생각할 때는 운이 좋았던 것 같아요. 저를 지도하던 아이작 배로 교수가 국왕의 주임 신부가 되는 바람에 자리를 비우게 되었는데, 아이작 배로 교수는 저를 아주 좋게 보았나 봐요. 다른 교수들이 반대를 많이 했지만 끝까지 저를 추천해 주셨거든요.

반사 망원경의 발명

앨리스 박사님은 그 바쁜 중에도 반사 망원경을 만들어 천문학의 발전에 크게 기여를 하셨다고 하던데요?

뉴턴 제가 반사 망원경을 만들게 된 것은 그동안 사용하던 천체 망원경에 불만이 많았기 때문이에요. 그 전에는 갈릴레이가 만든 굴절 망원경을 주로 이용했는데, 그 망원경은 먼 곳에 있는 천체를 관측하는 데 필요한 큰 렌즈를 사용하기가 어려웠어요. '색수차'라고 해서 천

뉴턴이 직접 만든 반사 망원경

체 주위에 마치 무지갯빛 같은 것이 생기는 현상이 일어났지요. 그래서 저는 렌즈 대신에 오목 거울을 사용한 망원경을 발명했어요. 오목 거울로 천체의 상을 확대하면 색수차가 생기지 않거든요. 또 제가 손재주가 좋잖아요? 청동 합금을 이용해서 만든 반사 망원경은 성능이 아주 뛰어났어요. 어떤 사람은 '뉴턴이 반사 망원경을 발명하지 않았다면 천문학의 발달이 훨씬 늦어졌을 것이다.'라고 말했다고 해요. 네덜란드의 유명한 천문학자인 호이겐스는 저의 망원경을 두고 '기적의 망원경'이라 했고, 당시 영국 국왕은 제 망원경을 마치 보물처럼 다루었다고 해요.

로버트 훅과의 대결

앨리스 박사님의 명성이 점점 높아지면서 주위에 시기하는 사람도 있었을 것 같은데요. 제가 듣기로 로버트 훅이라는 사람이 박사님을 아주 싫어했다면서요?

뉴턴 부끄러운 이야기예요. 로버트 훅은 인류 최초로 세포를 발견한 훌

룽한 과학자였어요. 그리고 저보다 과학계에서는 선배였고, 당시 왕립
학회에서 중요한 일을 하고 있었지요. 아마 그 사람이 저와 같은 시대에
태어나지 않았다면 위대한 과학자로 인정받았을 거예요. 그런데 나이
어린 제가 그 사람보다 더욱 훌륭한 과학자로 승승장구했으니 얼마나
질투심이 생겼겠어요? 그래서 로버트 훅은 제가 세운 과학적 업적을 모
함하고 다녔어요. 만유인력도 자신이 먼저 발견했다고 했고, 반사 망원
경도 자신이 만든 것이 훨씬 성능이 뛰어나다고 했지요.

저는 남에게 지기 싫어하는 성격이 강해서 그 일을 두고 볼 수가 없었어
요. 그래서 많이 다투었지요. 로버트 훅이 싫어 왕립학회를 탈퇴하려고
까지 했거든요. 그러다가 로버트 훅이 먼저 세상을 떠나는 바람에 더 이
상 싸움은 이어지지 않았어요. 나중에 제가 그의 뒤를 이어 왕립학회 대
표가 되었을 때, 그의 과학적인 업적을 모두 없애버렸어요. 심지어 초상
화까지 모두 없앴다니까요.

지금 생각하면 후회가 되는 일이에요. 제가 좀더 다른 사람에게 관대
했더라면 그런 일이 일어나지 않았을 텐데 말이에요. 정말 미안한 일
이지요.

벽을 보고 혼자 강의하다

앨리스 박사님은 위대한 과학자셨지만, 강의는 별로 인기가 없었나 봐요.
들리는 소문으로는 어떤 때는 벽을 보고 혼자 강의를 한 적도 있었다던
데…

뉴턴 후후, 맞아요. 제가 강의는 잘 못했나 봐요. 제 딴에는 열심히 강의 준비를 해 갔지만, 학생들은 제 강의를 제대로 받아들이지 못했어요. 저는 주로 빛의 성질에 대한 강의를 했는데, 당시 이 분야는 생소하여 별로 인기가 없었거든요. 내용도 어려웠고요. 학생들이 하나 둘 빠지기 시작하더니, 나중에는 아예 한 명도 나타나지 않더라고요. 하지만 저는 강의를 했어요. 교수로서 월급을 타는데 강의를 빼먹을 수는 없는 일 아니겠어요? 어느 날은 정말 학생이 한 명도 출석하지 않아 벽을 보고 혼자서 강의를 했지요.

《프린키피아》 출판

앨리스 박사님이 쓰신 책 중에서 《프린키피아》가 가장 유명하지요. 어떤 과학자는 이 책을 두고 '인류의 자랑'이라고 했던데요. 《프린키피아》에 대해 한 말씀 해 주세요.

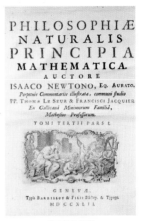

《프린키피아》

뉴턴 《프린키피아》의 원래 이름은 '자연 철학의 수학적 원리'예요. 이 책은 원래부터 제가 출판하고자 해서 한 것이 아니라, 에드먼드 핼리라는 과학자가 부추겨서 한 거예요. 에드먼드 핼리는 나중에 핼리 혜성을 발견한 천문학자로 유명한 분이지요.

저는 《프린키피아》에 그동안 연구했던 모든 내용을 잘 정리해서 담았어요. 만유인력과 세 가지 운동 법칙을 수학적인 방법으로 자세하게 설명했지요. 우주의 질서와 운동에 대해 이 책처럼 논리 정연하게 이야기한 책은 없을 거예요. 이 책은 큰 성공을 거두었어요. 내용이 좀 어렵긴 했지만, 과학자들은 '천체의 운동을 하나의 힘으로 설명한 위대한 책이며, 인간 지성이 낳은 최대의 걸작이다.'라고 칭찬했지요. 나중에 역사학자들은 이 책이 유럽의 합리주의 사상을 발전시키고 유럽의 근대화를 이루는 데 큰 역할을 했다고 했지요.

앨리스 아하~, 그래서 뉴터니즘이라는 말이 생긴 거로군요.

뉴턴 네, 그런 말을 들었지요. 코페르니쿠스의 지동설에서 시작한 과학혁명을 제가 완성했기 때문이에요. 비로소 근대 과학이 시작한 셈이지요.

국회의원과 조폐국장이 되다

앨리스 1688년에는 국회의원이 되셨다고 하던데요. 사실인가요?

뉴턴 맞아요. 본의 아니게 국회의원이 되었어요. 케임브리지 대학교를 대표하는 두 명의 국회의원 중 한 사람으로 뽑혔지요. 하지만 전 정치에는 관심이 없어서 회의가 있을 때 가서 참석만 할 뿐이었어요. 제가 의회에 나가서 한 말이라고는, "날씨가 추우니 창문을 닫아 주면 고맙겠소."라고 경비원에게 한 한마디뿐이었어요.

앨리스 나중에는 조폐국장이 되어, 영국 화폐를 만드는 일에 큰 기여를 하셨다고 하던데, 어떻게 조폐국 일까지 하게 되셨어요?

뉴턴 1693년 여름, 저는 그동안 남모르게 연금술에 대한 실험을 끈질기게 했어요. 만유인력으로 우주가 움직이는 힘의 비밀을 밝혔지만, 물질세계를 이루는 근본을 알지 못했거든요. 저는 연금술을 통해 물질세계의 비밀을 캐려고 했는데 결국에는 실패했어요. 이 일로 큰 좌절을 느끼고 한동안 과학 연구를 쉬었어요. 그런데 우연찮게 제가 아는 사람이 조폐국 부국장 일을 맡아달라고 연락을 해왔고, 전 승낙을 했지요.

앨리스 조폐국 일은 과학과는 거리가 먼 것 같은데, 그곳에서 무슨 일을 하셨나요?

뉴턴 당시 영국에는 위조 동전이 많이 나돌았어요. 그래서 저는 먼저 위조범을 잡는 데 주력을 했지요. 얼마가지 않아 위조범은 잡았지만, 근본적으로 위조 동전을 만들 수 없는 돈을 고안해야 했어요. 그래서 전 동전 옆에 세로 방향의 홈을 새겨 넣는 아이디어를 내었지요. 지금도 세계

각 나라에서 사용하는 동전의 옆을 보면 홈이 나 있잖아요? 모두 제가 만든 동전을 본떠서 그런 거예요. 덕분에 위조 동전은 없어졌고, 전 그 일로 1699년에 조폐국 국장으로 승진했답니다. 그리고 그 무렵 케임브리지 대학교 교수직도 그만두었지요.

영국 왕립학회 회장이 되다

앨리스 1703년에 영국의 과학계를 대표하는 영국 왕립학회의 회장으로 선출되셨지요?

뉴턴 맞아요. 그때 제 나이가 예순 하나였는데, 모든 과학자들이 저 보고 왕립학회를 맡아달라고 해서 승낙을 했지요.

앨리스 박사님이 회장이 된 후 왕립학회가 크게 성장을 했다고 들었는데, 그곳에서 어떤 어떤 일을 하셨나요?

뉴턴 제가 왕립학회를 맡을 무렵, 학회는 재정 상태도 좋지 않고 전용 회관도 없었어요. 저는 회장이 되자마자 회원들에게 회비를 거두고 주위의 도움을 받아 왕립학회가 전용으로 사용할 건물을 마련했어요. 그리고 뛰어난 지도력으로 왕립학회의 부흥을 위해 노력을 많이 했습니다. 다행히 저의 명성 덕분인지 일은 순조롭게 되어 영국 왕립학회는 오늘날 세계 최고의 과학자 단체가 되었답니다.

앨리스 아무튼 박사님은 능력이 대단하신 것 같아요. 과학자, 조폐국장, 왕립학회 회장 등, 일을 맡기만 하면 모두 훌륭하게 잘해내셨으니까요.

뉴턴 무슨 과찬의 말씀을…, 누구든지 열심히만 하면 다 할 수 있는 일이에요.

앨리스 나중에는 귀족이 되셨지요?

뉴턴 1705년 영국의 앤 여왕으로부터 기사 작위를 받아 영국의 귀족이 되었어요. 그래서 제 이름 앞에 'Sir'라는 단어가 붙게 되었어요.

앨리스 어느새 시간이 많이 지났군요. 마지막으로 박사님을 존경하는 사람들에게 한 말씀을 해 주시겠어요?

뉴턴 저는 세상 사람들의 눈에 어떻게 보일지는 몰라도, 나에게 비쳐진 나는 바닷가에서 아름다운 조개껍데기나 미끈한 조약돌을 찾기 위해 방황하는 소년 같다고 생각해요. 그 바다는 거대한 진리의 바다였고, 조약돌은 진리의 돌이었던 거예요. 하지만 거대한 진리의 바다는 아무것도 가르쳐 주지 않으면서 내 앞에 펼쳐져 있어, 나는 평생 그 진리를 찾기 위해 노력하는 삶을 살았습니다. 여러분도 저처럼 진리의 조약돌을

찾기 위해 노력하는 삶을 살았으면 좋겠어요.

앨리스 긴 시간 인터뷰에 응해 주셔서 감사합니다.

● ● ●

1727년 3월 20일 아이작 뉴턴은 여든넷의 나이로 세상을 떠났다.
그의 죽음은 전 세계 사람들에게 큰 슬픔이 되었고,
시신은 런던에 있는 웨스트민스터 대사원에 묻혔다.
그의 묘비에는 '지하의 사람들이여,
인류의 자랑이 그대들의 대열에 합류함을 기뻐할지어다.'
라는 글이 새겨져 있다.

● ● ●

아이작 뉴턴(Isaac Newton) 연대표

1642년 12월 25일 영국 울즈소프에서 출생.

1646년 어머니 한나가 홀아비 목사와 재혼.

1653년 새아버지의 죽음으로 어머니 한나가 울즈소프로 돌아와 뉴턴과 같이 생활.

1654년 그랜트 햄의 킹스 스쿨에 입학.

1661년 케임브리지 대학교 트리니티 대학에 입학.

1664년 학사 학위 받음.

1666년 영국 런던에 페스트가 유행하여 대학이 문을 닫자,

　　　　고향으로 돌아가 만유인력, 광학, 미적분법 등을 연구.

1669년 스승인 배로우의 뒤를 이어 케임브리지의 수학 교수로 임명.

1675년 빛의 간섭 현상 연구, '뉴턴의 원 무늬' 발견.

1687년 만유인력의 법칙 등을 정리한 《프린키피아(자연철학의 수학적 원리)》 출판.

1688년 케임브리지를 대표하는 국회의원으로 선출.

1703년 영국 왕립학회 회장으로 선출.

1705년 왕실로부터 '나이트' 칭호 받음.

1727년 3월 20일 사망. 시신은 웨스트민스터 대사원에 안치.

놀이공원에서 만난 뉴턴

지은이 • 손영운
그린이 • 정일문
본문 사진 제공 • 롯데월드
펴낸이 • 조승식
펴낸곳 • (주)도서출판 이치
등록 • 제9-128호
주소 • 서울시 강북구 한천로 153길 17
www.bookshill.com
E-mail • bookswin@unitel.co.kr
전화 • 02-994-0583
팩스 • 02-994-0073

2006년 9월 5일 1판 1쇄 발행
2014년 9월 10일 1판 11쇄 발행

값 9,800원
ISBN 89-91215-26-2
ISBN 89-91215-24-6(세트)

* 잘못된 책은 구입하신 서점에서 바꿔 드립니다.
· 이 도서는 도서출판 북스힐에서 기획하여 도서출판 이치에서
출판된 책으로 도서출판 북스힐에서 공급합니다.
서울시 강북구 한천로 153길 17
전화 • 02-994-0583 팩스 • 02-994-0073